Bhaveshkumar Dhorajiya
Ruchita Bhuva
Bharatkumar Dholakiya

Química de Barbitúricos e Tiobarbitúricos baseados em Chalconas

Bhaveshkumar Dhorajiya
Ruchita Bhuva
Bharatkumar Dholakiya

Química de Barbitúricos e Tiobarbitúricos baseados em Chalconas

Barbitúricos e tiobarbitúricos fluorados

ScienciaScripts

Imprint

Cover image: www.ingimage.com

This book is a translation from the original published under ISBN 978-3-659-87091-0.

Publisher:
Sciencia Scripts
is a trademark of
Dodo Books Indian Ocean Ltd. and OmniScriptum S.R.L publishing group

120 High Road, East Finchley, London, N2 9ED, United Kingdom
Str. Armeneasca 28/1, office 1, Chisinau MD-2012, Republic of Moldova, Europe
Managing Directors: Ieva Konstantinova, Victoria Ursu
info@omniscriptum.com

Printed at: see last page
ISBN: 978-620-8-53017-4

Dedicado a

A minha família

Sem o seu amor e encorajamento, isto não teria sido possível

ÍNDICE DE CONTEÚDOS:

Lista de abreviaturas

Abbreviation	Name of abbreviation
ABTS	*2, 2'-azino-bis-3-ethylbenzthiazol-ine-6-sulfonic acid*
AIDS	*Acquired immunodeficiency syndrome*
CFU	*Colony forming unit*
CHN	*Carbon, hydrogen, nitrogen*
CNS	*Central nervous system*
CO_2	*Carbon dioxide*
DLDI	*human liver cancer cell line*
DMF	*Dimethylformamide*
$DMSO\text{-}d_6$	*Deuterated dimethyl sulfoxide*
DNA	*Deoxyribonucleic acid*
DPPH	*2,2-diphenyl-1-picrylhydrazyl*
E. Coli	*Escherichia coli*
EDTA	*Ethylenediaminetetraacetic acid*
Et_3N	*Triethylamine*
FBS	*Fetal bovine serum*
FCS	*Fetal calf serum*
FT-IR	*Fourier transform infrared*
GABA-T	*γ- aminobutyric acid- transaminase*
GI_{50}	*Concentration of drug causing 50% inhibition of cell growth*
HA22T	*Human liver cancer cell line*
HepG2	*Human liver carcinoma cell line.*
HEPG2	*Human liver cancer cell line*
HIV	*Human immunodeficiency virus*
HMBC	*Heteromultiple bond correlation*
HONEI	*Nasopharyngeal carcinoma cell line*
HR	*Human gastric cancer cell line*
IC_{50}	*Half maximal inhibitory concentration*
J	*Coupling constant (^1H NMR)*
KBr	*Potassium bromide*
L-DOPA	*L-diphenolase*
m.p.	*Melting point*
μl	*Micro litre*

μM	*Micro Molar*
MBC	*Minimum bacterial concentration*
MCC	*Minimum cytotoxic concentration*
MCF-07	*Human breast adenocarcinoma cancer Lines*
MFC	*Minimum fungal concentration*
Mg	*Milli gramm*
MIC	*Minimum inhibitory concentration*
mL	*Milli litre*
mM	*Milli molar*
MTCC	*The microbial type culture collection*
NCI-H460	*Non-small cell lung cancer*
NMR	*Nuclear magnetic resonance*
NUGC	*Human gastric cancer cell line*
SAR	*Structure activity relationship*
SF-268	*CNS cancer*
SRB	*Sulforhodamine B*
TBA	*Thiobarbituric acid*
TMS (Me_4Si)	*Tetra methyl silane*
UV–Visible	*Ultraviolet visible*
VERO	*African green monkey kidney cells*
WI-38	*Normal fibroblast cell line*
XOD	*Xanthine oxidase*
5-FU	*Fluorouracil*

CAPÍTULO 1

Introdução

1.0 Introdução

Ao longo da história da humanidade, numerosos agentes terapêuticos foram empregues pelas suas propriedades hipnóticas e/ou sedativas, embora a verdadeira eficácia de muitos deles tenha sido limitada [1]. Basta mencionar o próprio álcool (sob diferentes formas, como o hidromel ou o vinho) ou os alcalóides do ópio e de outras plantas narcóticas (cânhamo, jimsonweed, beladona, henbane, etc.). Mais recentemente, por volta do final do século XIX e início do século XX, foram utilizados agentes como o paraldeído, o hidrato de cloral e os brometos, até à descoberta, no início do século XX, das propriedades sedativas e hipnóticas dos barbitúricos, graças à síntese prévia da malonilureia por Adolf [2],

A introdução clínica dos barbitúricos começou há um século (1904), quando a Farbwerke Fr Bayer and Co colocou no mercado o primeiro agente deste tipo, o ácido dietilbarbitúrico, dando origem a profundas alterações na abordagem farmacológica das perturbações psiquiátricas e neurológicas da época. Um grande número de doentes que antes não podiam ser tratados passou a ter acesso ao tratamento e melhorou o seu prognóstico. Os resultados mais significativos foram obtidos no tratamento de pacientes com neuroses e psicoses graves e com repressão emocional severa, que ao serem administrados barbitúricos, especialmente por via intravenosa, superavam as suas inibições, facilitando assim o tratamento psicoterapêutico. Os barbitúricos foram também úteis no tratamento dos distúrbios do sono e constituíram os primeiros instrumentos farmacológicos verdadeiramente eficazes para o tratamento das crises epilépticas. Além disso, abriram o campo da anestesia intravenosa, desempenhando um papel proeminente na indução anestésica, sobretudo em operações menores.

No decurso do século XX, foram sintetizados mais de 2500 barbitúricos, 50 dos quais acabaram por ser utilizados clinicamente. O seu uso foi generalizado e muitos ainda têm alguma utilização atualmente. Cem anos após a introdução na farmacologia clínica do composto original, os oxibarbitúricos, em geral, continuam a ser os fármacos selecionados no tratamento de algumas formas graves de insónia e em alguns tipos de epilepsia. Da mesma forma, alguns tiobarbitúricos e alguns barbitúricos de ação ultracurta são ainda hoje utilizados como indutores de anestesia geral. No entanto, atualmente, 5 ou 6 derivados dos barbitúricos são suficientes para cobrir as aplicações terapêuticas que ainda os requerem.

1.1: Medicamentos sedativos e anticonvulsivos na era pré-barbitúrica

Embora, como já foi referido, os agentes terapêuticos historicamente empregues pelos seus efeitos sedativos, hipnóticos ou anticonvulsivantes tenham sido bastante numerosos, os fármacos mais específicos a este respeito têm então origem no século XIX. É o caso do hidrato de coral, dos diferentes alcalóides e, sobretudo, dos brometos [1, 3-9]. Alguns autores, como [8], chamam à segunda metade do século XIX a "era dos alcalóides". Os alcalóides foram introduzidos na psiquiatria como sedativos e hipnóticos, graças ao isolamento da morfina do ópio em 1805 pelo farmacêutico alemão Friedrich Sertiirner. Em 1861, Wilhelm Griesinger, na segunda edição da sua obra *Die Pathologie und Therapie der Psychischen Krankheiten,* defendeu a utilização do ópio nas perturbações do sono, salientando as melhorias que provocava nos doentes que sofriam de ansiedade. No entanto, os alcalóides que tiveram mais sucesso foram os isolados de diferentes espécies da família *das Solanáceas*: plantas conhecidas pelos seus efeitos alucinogénios, como o hioscamo, cujas propriedades sedativas e hipnóticas foram descritas pelo farmacologista vienense Karl Schroff em 1868. Em 1839, os químicos da empresa E Merck de Darmstadt já tinham isolado a hiosciamina, outro alcaloide, que se tornou popular no final do século XIX, fazendo parte de muitos dos "cocktails" administrados nas instituições neuropsiquiátricas da época [10]. Finalmente, em 1880, foi isolada a hioscina, um alcaloide que também foi muito utilizado em cocktails psiquiátricos, como o famoso Hyoscine Co A, que continha hioscina, morfina e atropina, e que era administrado a doentes maníacos muito excitados e agressivos [11].

O primeiro fármaco que pode ser verdadeiramente designado como hipnótico é o hidrato de cloral. Sintetizado em 1832 por Justus von Liebig, um químico de Giessen, só foi analisado como hipnótico em 1869 pelo farmacologista berlinense Oskar Liebreich. O hipotético mecanismo a que se atribuía a sua ação baseava-se na crença errónea de que, in vivo, o hidrato de cloral era capaz de se transformar em ácido fórmico e clorofórmio, cujas propriedades já eram conhecidas na altura [12]. Muito rapidamente, o hidrato de cloral substituiu a morfina e os alcalóides *das Solanáceas*, dada a sua comodidade, pois podia ser administrado sem necessidade de injeção, permitindo o tratamento no domicílio e tornando desnecessário o confinamento dos doentes em instituições neuropsiquiátricas [7],

No entanto, seriam os brometos os mais utilizados na segunda metade do século XIX, quer como sedativos, quer para o tratamento da epilepsia, tendo sido introduzidos para estas aplicações pelo internista e obstetra Sir Charles Locock em 1857. Foi nesse ano que Locock relatou os seus resultados no tratamento com brometos em mulheres com o que o autor designou por crises epilépticas catameniais ou histeriformes, obtendo resultados positivos em 14 mulheres de uma amostra de 15. A partir dessa altura, os brometos foram amplamente introduzidos em asilos e instituições similares por toda a Europa, dadas as suas propriedades sedativas e antiepilépticas, sendo a função relevante neste último caso a de reduzir a expressão da sexualidade dos doentes epilépticos. Outro contributo para a utilização neuropsiquiátrica dos brometos foi dado pelo médico britânico Neil MacLeod, que em 1897, quando trabalhava em Xangai, efectuou a primeira "cura do sono" com estes sais. MacLeod chamou-lhe "o sono dos brometos" [13], e alguns autores, como [8], consideraram esta técnica como a primeira terapia farmacológica que, no âmbito da psiquiatria, conseguiu melhorar os sintomas dos doentes psiquiátricos. No entanto, o principal problema dos brometos residia na sua elevada toxicidade (distúrbios neurológicos e gastrointestinais, irritabilidade, alucinações, delírios e letargia), dada a sua longa semi-vida (eliminação em cerca de 12 dias) e a sua capacidade de acumulação nos tecidos, pelo que foram progressivamente eliminados após a introdução dos barbitúricos no início do século XX [14].

Outras substâncias utilizadas como hipnóticos e sedativos e, eventualmente, como anticonvulsivantes foram introduzidas no século XIX e nas primeiras décadas do século XX. É o caso do paraldeído, descoberto por Wildenbusch em 1829 e introduzido na prática clínica por Vincenzo Cervello em 1882; e do sulfonal, cuja ação hipnótica foi descoberta por acaso por Eugen Baumann e Alfred Kast em 1887 [15]. Por fim, para o tratamento da epilepsia, para além do brometo de potássio, do hidrato de cloral ou da hioscina, recorreu-se a toda uma série de substâncias de eficácia mais duvidosa, como o ópio, a beladona, a atropina, o estramónio, o estrofanto, a *cannabis indica* ou o óxido de zinco.

1.2: A descoberta e a introdução clínica dos barbitúricos como agentes sedativos e hipnóticos

Entre a década de 1920 e meados da década de 1950, praticamente os únicos fármacos utilizados como sedativos e hipnóticos eram os barbitúricos [16]. Do ponto de vista químico, estes fármacos são compostos uréicos de cadeia fechada, cujo núcleo é a malonilureia (combinação da ureia, um produto presente nos excrementos dos animais, e do ácido malónico, um derivado ácido retirado das maçãs) (Figura 1). Os barbitúricos foram sintetizados em 1864 por Adolf von Baeyer, embora o processo de síntese tenha sido desenvolvido e aperfeiçoado pelo químico francês Edouard Grimaux em 1879, possibilitando o subsequente desenvolvimento generalizado dos derivados dos barbitúricos [17]. Von Baeyer, discípulo de Robert W Bunsen e Friedrich A Kekule, leccionou nas universidades de Estrasburgo e Munique, foi o fundador da que viria a ser a Bayer Chemical Co e recebeu o Prémio Nobel da Química em 1905 pela sua contribuição para o desenvolvimento da química orgânica.

Figura 1.1.1: Síntese do ácido barbitúrico, a partir da combinação do ácido malónico (esquerda) e da ureia (direita).

Existem várias hipóteses sobre a origem do termo "barbitúricos" [18]. Segundo uma delas, Baeyer pode ter usado esse nome para os compostos por razões sentimentais, em homenagem à sua amiga Barbara [19]. Outros autores, no entanto, afirmam que o nome deriva do facto de Baeyer ter celebrado a sua descoberta numa taberna perto de sua casa, frequentada por oficiais de artilharia, que também celebravam o dia da sua padroeira, Santa Bárbara [20]. Uma terceira possibilidade é que o termo se inspire no aspeto "farpado" dos cristais destes compostos uréicos [21]. Em todo o caso, é evidente que a união dos elementos "barb(ara)" e "ureia" está na base do nome.

1.3: Da malonilureia ao barbital

O primeiro dos barbitúricos a chegar ao mercado foi o ácido dietilbarbitúrico, também conhecido como barbital, malonal ou gardenal. Sintetizado em 1881 por Conrad e Guthzeit, a partir do tratamento do sal argenético do ácido barbitúrico com iodeto de etilo, foi introduzido clinicamente como hipnótico pelas empresas alemãs E Merck (Darmstadt) e F Bayer and Co (Elberfeld) em 1904, graças aos trabalhos de Josef Freiherr von Mering e Emil Fischer (Prémio Nobel da Química, 1902).

Von Mering, que ensinava farmacologia na Universidade de Halle, tinha observado que alguns dos compostos sintéticos obtidos no final do século XIX e comercializados como hipnóticos, como o sulfonal, continham na sua estrutura molecular um átomo de carbono com dois grupos etilo. Além disso, conhecendo os trabalhos de von Baeyer com derivados da ureia, von Mering decidiu estudar as propriedades hipnóticas da dietilacetilureia e verificou que esta era ainda mais potente do que o sulfonal. O passo seguinte foi analisar as propriedades do ácido 5,5-dietil-barbitúrico, para o que recorreu a Fischer, um velho amigo dos seus tempos de estudante. Nessa altura, Fischer, o decano dos químicos orgânicos alemães, era professor de Química na Universidade de Berlim. Além disso, Fischer conhecia bem a química da malonilureia, pois tinha sido assistente de von Baeyer em Munique durante oito anos. Juntamente com o seu sobrinho Alfred Dilthey, testou o novo produto ressintetizado, demonstrando, em cães, que o seu poder hipnótico era muito superior ao da dietil-acetilureia de von Mering [4]. Quando Fischer comunicou esta descoberta ao seu amigo von Mering, este encontrava-se na cidade italiana de Verona, o que o levou a designar o novo fármaco por Veronal [19, 20]. No entanto, outros autores defendem que o nome Veronal (do latim, verus = verdadeiro) foi cunhado por Fischer, que afirmava ter encontrado o "verdadeiro" composto hipnótico [4]. Este novo fármaco hipnótico foi patenteado por Fischer em janeiro de 1903 e, dois meses mais tarde, os primeiros dados científicos sobre os barbitúricos foram publicados num breve relatório [21]. A licença para a sua comercialização nos EUA foi concedida à Winthrop Chemical Company.

O termo barbital para o ácido dietil-barbitúrico é um desenvolvimento posterior, resultado dos efeitos económicos da Primeira Guerra Mundial. Após a entrada dos Estados Unidos no conflito, em 1917, o Congresso aprovou o Trading with the Enemy Act 1917, que lhes permitia, como uma espécie de espólio de guerra, fabricar produtos alemães protegidos por patente, modificando o seu nome genérico e com os lucros a reverter para as filiais americanas das empresas alemãs [4]. Assim, a Associação Médica Americana aprovou o nome barbital, enquanto que no Reino Unido, através de um mecanismo semelhante, o ácido dietilbarbitúrico passou a chamar-se barbitona. A partir desta altura, as duas terminações "-al" e "-one" passaram a figurar na nomenclatura dos barbitúricos. O veronal tem propriedades hipnóticas, sedativas e anticonvulsivantes. Podia acalmar os doentes maníacos e ajudar os doentes melancólicos a adormecer, e era um indutor eficaz do sono nos insónios. Os primeiros ensaios com o barbital foram efectuados por Hermann von Husen (1904), um jovem psiquiatra afetado por perturbações do sono, que experimentou o novo medicamento em si próprio. Após ter tomado 0,5 g de Veronal na primeira noite e 1 g na noite seguinte, relata

1.4: Modificações do ácido barbitúrico original

Através de pequenas modificações na estrutura química da molécula de ácido barbitúrico, foram sintetizados mais de 2500 agentes diferentes. Os primeiros análogos do barbital, cerca de 18, foram sintetizados e testados pelo grupo constituído por von Mering, Fischer e Dilthey. Um deles, talvez o mais utilizado posteriormente, foi o fenobarbital, sintetizado por Hdrlein em 1911, ao substituir um dos grupos etilo por um radical fenilo. O fenobarbital foi utilizado pela primeira vez na terapêutica como hipnótico em 1912 por Loewe, Juliusburger e Impens e, nesse mesmo ano, foi comercializado pela F Bayer and Co, com o nome de Luminal. O fenobarbital, com uma ação farmacológica mais prolongada do que o seu antecessor, tornou-se rapidamente o "rei dos barbitúricos", tanto em hospitais como em ambulatório [8]. Este fármaco abriu caminho, aliás, para outra importante aplicação terapêutica dos barbitúricos, como será referido mais adiante: o tratamento da epilepsia. Entre os primeiros derivados do ácido barbitúrico estava o ácido 5, 5'-dietilbarbitúrico. Em 1903, Fischer e von Mering sintetizaram o primeiro derivado terapeuticamente ativo do ácido barbitúrico, através da substituição dos hidrogénios C-5 do anel do ácido barbitúrico por substituintes etilo [1]. Após a administração deste novo derivado barbitúrico, os sujeitos humanos caíram num estado de hipnose, ou sono profundo. Este novo barbitúrico dietil, vulgarmente designado por Veronal, é o primeiro derivado ativo conhecido dos hipnóticos derivados do ácido barbitúrico [1, 2]. Já no início do século XX, os químicos aperceberam-se de que havia um problema grave com a degradação metabólica do Veronal. A droga hipnótica demorava a fazer efeito e era metabolizada muito lentamente. De acordo com os primeiros relatos científicos, os seres humanos a quem era administrado este composto dormiam durante vários dias, incapazes de serem despertados do estado de coma induzido pelo fármaco [1,2] Desde então, os químicos medicinais têm vindo a explorar os efeitos terapêuticos dos ácidos barbitúricos, dos derivados do ácido barbitúrico e de novas substituições e derivações dos ácidos barbitúricos como compostos com valor terapêutico. Desde a síntese do Veronal, foram introduzidas melhorias nesta classe de terapêutica, o que, por sua vez, originou novas estruturas que pertencem talvez a uma das classes de compostos medicinais mais valiosas conhecidas até à data [1]. Os primeiros avanços na relação estrutura-atividade dos barbitúricos e dos seus efeitos terapêuticos produziram, em 1912, o fármaco ativo Fenobarbital [1], A investigação subsequente relativa à relação estrutura-atividade dos barbitúricos permitiu compreender melhor que a falta de atividade de arrastamento e o metabolismo subsequente dos derivados anteriores, como o ácido barbitúrico original e o Veronal, se deviam à mesma propriedade física, nomeadamente a passagem negligente através dos tecidos que revestem o trato gastrointestinal (GI) do corpo humano. Esta passagem negligente inibia a passagem dos fármacos para o sistema circulatório. Estas descobertas científicas iniciais levaram à produção de barbitúricos que continham grupos hidrocarbonetos maiores, semelhantes aos do tecido adiposo do trato gastrointestinal [1, 2]. A farmacopeia internacional, como a Farmacopeia dos Estados Unidos em 1926, e a Farmacopeia Britânica, aceitaram o Veronal e o Luminal, os dois primeiros representantes da série de barbitúricos, em 1914 e 1932, respetivamente. Mais tarde, ambos os fármacos foram também incluídos na *Pharmacopoeia Internationalis.*

1.5: Efeitos da modificação subsequente do ácido barbitúrico

As modificações dos barbitúricos conduziram à produção de compostos lipofílicos capazes de atravessar rapidamente o trato gastrointestinal e a barreira hemato-encefálica (BHE), permitindo a transformação dos barbitúricos em anestésicos, ansiolíticos e sedativos amplamente utilizados. As substituições funcionais do ácido barbitúrico original resultam quer de substituições C-5 quer de substituições C-2, produzindo cada uma delas compostos com actividades diferentes. Por exemplo, as manipulações da posição C-5 resultaram na produção de amobarbital, pentobarbital, secobarbital e hexobarbital. As substituições em C-2 resultaram na produção dos barbitúricos de ação curta, tiopental e tiamilal [1,2].

1.6: Efeitos farmacológicos dos barbitúricos e dos ácidos barbitúricos como blocos de construção de grandes heterociclos.

A literatura histórica descreve os ácidos barbitúricos como tendo um modo de ação primário no sistema nervoso central. O principal local de ligação dos barbitúricos é o complexo recetor do ião GABA a, que será descrito mais adiante. Uma vez ligados a este complexo ião-recetor, os barbitúricos provocam efeitos que se podem manifestar de várias formas: [2, 3]

1) Hipnose e anestesia. 2) Anticonvulsivante 3) Diversos, incluindo analgésicos, acções no sistema nervoso autónomo, efeitos respiratórios, etc..,

Embora as funções tradicionais dos barbitúricos na química medicinal tenham sido identificadas como complexo recetor do ião GABA a [3], a literatura mais recente documenta que os barbitúricos podem apresentar actividades biológicas noutras áreas, como antibacteriana, antifúngica, atividade anticancerígena, atividade anti-osteoporose, para citar apenas algumas [4]. A pneumonia, a febre tifoide, a diarreia, a infeção cutânea, a infeção nosocomial, a intoxicação alimentar, a infeção do trato urinário, a infeção do ouvido, a doença pulmonar, a tuberculose, o cancro da mama, o cancro da próstata e a SIDA constituem uma grave preocupação para os cuidados de saúde a nível mundial. A questão é objeto de grande atenção nos países em desenvolvimento. A descoberta dos agentes antimicrobianos é considerada uma das dez grandes realizações do século XX no domínio da saúde pública.

1.7: Introdução clínica dos novos barbitúricos

Os novos barbitúricos trouxeram vantagens substanciais em relação aos seus antecessores clássicos, como uma maior potência e duração de ação, bem como uma gama terapêutica mais alargada. No entanto, dos vários milhares de barbitúricos sintetizados, apenas cerca de 50 chegaram ao mercado e, destes, não mais do que algumas dezenas foram regularmente utilizados na prática clínica. O próximo barbitúrico a ser utilizado com sucesso em terapia foi o butobarbital, cuja história começa na Primeira Guerra Mundial. O esforço de guerra britânico necessitava de grandes quantidades de acetona para o fabrico de explosivos [4], e uma das soluções foi fornecida por Chaim Weizmann, que mais tarde se tornaria o primeiro presidente do Estado de Israel. Weizmann descobriu que a bactéria *Clostridium acetobutylicum* era capaz de transformar materiais ricos em amido em acetona e álcool butírico, e a baixo custo industrial. Após a guerra, o custo do álcool butírico, um produto químico tão útil quanto caro, baixou drasticamente, permitindo assim a sua utilização para a obtenção de numerosas drogas sintéticas. Em 1920, Roger Adams sintetizou o éster do ácido 5-butil-5-etil-malónico, etapa intermédia na síntese de um análogo butil do barbital, que foi finalmente sintetizado por Arthur Dox em 1922 e comercializado no ano seguinte pelos Laboratórios Abbott, com o nome de Neonal [4]. O butobarbital era três vezes mais forte do que o barbital e o seu período de ação era muito mais curto devido à sua lipofilicidade, o que reduzia grandemente a possibilidade de sonolência de "ressalto" no dia seguinte à administração. Nos anos que se seguiram, continuaram a surgir novos barbitúricos no mercado. Em 1923, foi o amobarbital, sintetizado por Shonle e Moment através da adição de um átomo de carbono à cadeia butil do butobarbital; e em 1929, Horace A Shonle também sintetizou o secobarbital. Ambos os barbitúricos tinham propriedades farmacológicas bastante semelhantes às do butobarbital [4]. Os fármacos seguintes desta série a serem introduzidos foram o pentobarbital (Nembutal), sintetizado por Volwiler e Tabern em 1930, e o tiopental (Pentotal). O quadro 1.1.1 apresenta as doses recomendadas de barbitúricos utilizados como hipnóticos e de outros fármacos também utilizados como hipnóticos antes da introdução clínica das benzodiazepinas no final da década de 1950. Entre estes últimos agentes, quimicamente diferentes dos barbitúricos, embora com acções farmacológicas semelhantes, temos de mencionar a glutetimida, a metiprilona, a metaqualona, o clormetiazol e o etilclorvinol. A maioria destes fármacos foi introduzida como substitutos dos barbitúricos, porque pareciam oferecer uma maior margem de segurança. No entanto, a experiência clínica demonstrou que a sua capacidade de causar dependência e a gravidade dos sintomas de abstinência eram semelhantes às dos barbitúricos, pelo que a maioria foi retirada do mercado alguns anos mais tarde.

Tabela 1.1.1: Dosagem média e máxima dos agentes farmacológicos utilizados como hipnóticos antes da era das benzodiazepinas.

Drug	Dosage per administration		Daily Dosage Maximum
	Mean Dosage	Maximum Dosage	
Ethchlorvynol	250 mg	500 mg	750
Chloral hydrate	500 mg	1000 mg	1000
Paraldehyde	3mL	8 mg	8
Glutethimide	250 mg	500 mg	500
Methyprylon	200 mg	400 mg	400
Methaqualone	200 mg	400 mg	600

Phenobarbital	50-100 mg	200 mg	200
Amobarbital	50-100 mg	200 mg	200
Secobarbital	100 mg	200 mg	200
Pentobarbital	100 mg	200 mg	200
Sodium tripental	250 mg	500–1000 mg	-

1.8: O papel dos barbitúricos nas "curas do sono" dos doentes esquizofrénicos

As propriedades hipnóticas de alguns barbitúricos foram rapidamente aplicadas ao tratamento de doentes psicóticos, graças à indução de um estado de sono profundo e prolongado. O pioneiro destas técnicas foi o psiquiatra italiano Giuseppe Epifanio, que trabalhava na Clínica Psiquiátrica Universitária de Turim e que descreveu a sua técnica em 1915. A falta de impacto deste desenvolvimento na comunidade científica internacional pode ser atribuída ao de ter sido publicado apenas numa revista italiana, e em plena Grande Guerra [23]. Foi a 25 de março de 1913 que Epifanio administrou a primeira dose de Luminal a uma rapariga de 19 anos (FL) afetada por uma psicose maníaco-depressiva, prolongando o tratamento por um período de 4 dias. A doente caiu num "sono profundo" que durou até 9 de abril, teve alta no final de junho e esteve em remissão durante os dois anos seguintes. Este caso marcou o início do que Manfred Bleuler descreveria em 1955 como "a primeira das grandes terapias físicas" para as perturbações mentais [24]. No entanto, a introdução clínica destas técnicas está historicamente associada a Jakob Klaesi, psiquiatra da Clínica Psiquiátrica Universitária de Zurique. As suas "curas do sono", propostas em 1920 no âmbito da 59ª Assembleia da Sociedade Suíça de Psiquiatria, gozavam de grande prestígio na época e implicavam diretamente a utilização de barbitúricos. A proposta inicial de Klaesi era a de que as suas técnicas de indução da hipnose profunda, retomadas de Epifânio, facilitariam a comunicação entre o paciente e o psicoterapeuta [8], Klaesi introduziu o seu método na Suíça e baseou-o na pré-medicação com morfina (0.01 mL) e escopolamina (0,001 mL) e a administração subsequente, durante pelo menos 6-7 dias, de Somnifen, uma mistura de ácido dietil e dipropenil-barbitúrico e dietilamina (2-4 mL), fabricado pela empresa Hoffmann-LaRoche. As melhorias percentuais relatadas por Klaesi, em amostras de pacientes esquizofrénicos, variaram entre 25% e 33%, o que é 10% superior às taxas de remissão espontânea neste tipo de pacientes [25]. Estas curas adquiriram grande popularidade durante os anos 20, com numerosas variações quanto à metodologia e às aplicações, embora a administração de Somnifen estivesse sempre envolvida [24]. No entanto, é importante considerar um facto mencionado na primeira publicação sobre a eficácia do método em doentes esquizofrénicos: três dos 26 doentes recrutados morreram durante o estudo devido a broncopneumonia ou hemorragias nos músculos cardíacos [25]. Alguns anos mais tarde, alguns autores fixaram a taxa de mortalidade com Somnifen em cerca de 5% [26]. O legado do Somnifen foi retomado na mesma clínica suíça de Burghdlzli pelo farmacologista Max Cloetta e pelo psiquiatra Hans W Maier, que procuravam um composto que fosse mais bem tolerado. Em 1934, prepararam um composto à base de paraldeído, hidrato de amileno, hidrato de cloral, álcool, hidrato de efedrina, digalen e ácido isopropil-alil-barbitúrico, a que chamaram Cloettal e que era administrado por via rectal [27]. Este preparado foi amplamente utilizado em doentes esquizofrénicos, não só na clínica de Zurique, mas também noutros locais, como na União Soviética por Ivan P Pavlov [24]. O estudo mais rigoroso com esta mistura foi em Burgholzli por Marcel Monnier, que, com uma amostra de 125 doentes esquizofrénicos, aplicou critérios de exclusão rigorosos antes de aplicar o preparado. Apenas 84 pacientes receberam a mistura Cloetta, e 53 deles melhoraram. No entanto, dois pacientes morreram durante o tratamento em consequência de complicações respiratórias associadas à medicação [28], Eliot Slater, do Maudsley Hospital em Londres, recordou que as "curas do sono" eram o único tratamento que tínhamos nos anos 30 que tinha algum valor nas perturbações psicóticas agudas [29], Após este período inicial, Após este período inicial, o uso de "curas do sono" baseadas em barbitúricos começou a declinar devido, em parte, a problemas de segurança, bem como à introdução clínica de novas terapias biológicas para o tratamento de pacientes esquizofrénicos, como os choques de insulina de Sakel (1935) ou os choques cardiazólicos de [30], Embora o autor assinale que "a história da narcose barbitúrica tem um corolário". Isto refere-se ao trabalho de D Ewen Cameron em meados dos anos 50 no Departamento de Psiquiatria do Allan Memorial Institute em Montreal. Financiado pela Central Intelligence Agency (CIA), Cameron desenvolveu a sua técnica de condução psíquica [31], uma versão protótipo do que viria a ser vulgarmente conhecido como "lavagem cerebral". Com esta técnica, em que também eram utilizados barbitúricos, Cameron pretendia aproveitar o sono prolongado para obrigar os seus pacientes a ouvir mensagens de propaganda, neste caso destinadas a acelerar a sua recuperação. Apesar dos seus objectivos, eminentemente clínicos, este trabalho foi amplamente criticado nos meios de comunicação social da época.

1.9: Barbitúricos como agentes antiepilépticos

Com o fenobarbital, para além da confirmação do excelente efeito hipnótico dos barbitúricos, foi demonstrado que estes fármacos tinham propriedades anticonvulsivantes significativas. A descoberta destas propriedades ocorreu em 1912, ano da sua comercialização, e constituiu mais um exemplo de serendipidade no domínio da psicofarmacologia. Alfred Hauptmann foi encarregado de cuidar dos doentes epilépticos internados. Na impossibilidade de dormir corretamente devido às contínuas crises convulsivas dos seus pacientes, Hauptmann decidiu administrar-lhes alguns dos novos hipnóticos existentes no mercado, entre os quais o fenobarbital. Surpreendentemente, Hauptmann observou que a incidência de convulsões nos pacientes tratados com doses baixas de fenobarbital diminuía notavelmente, não só durante a noite, mas também durante o dia [32]. Uma das conclusões mais importantes de Hauptmann foi que o fenobarbital não só reduzia o número de convulsões, mas também a sua intensidade, permitindo que muitos pacientes deixassem as instituições e desfrutassem de uma vida profissional normal. Foi assim que se descobriram as propriedades anticonvulsivantes dos barbitúricos, sendo o fenobarbital o primeiro fármaco verdadeiramente eficaz no tratamento da epilepsia [33]. A Tabela 1.1.2. mostra os agentes anticonvulsivantes normalmente utilizados no tratamento da epilepsia antes e depois da introdução do fenobarbital.

Tabela 1.1.2: Medicamentos anticonvulsivos utilizados no Hospital Nacional de Londres, antes e depois da introdução clínica do fenobarbital no tratamento da epilepsia.

1910		1930	
Drugs of Drugs of definite benefit	Drugs of Drugs of doubtful benefit	Drugs of Drugs of definite benefit	Drugs of Drugs of doubtful benefit
Bromides	Monobromate of camphor	Bromides	Zinc salts
Chloral hydrate	Eosinate of sodium	Bromide combinations	Iron
Glycerophosphates	Chloretone	Phenobarbital	Digitalis
Borax	Antipyrin	Borax	Strophanthus
Belladonna		Double tartrate of borax and potassium	Calcium

Zinc salts	Belladonna	Opiates
Opium	Nitroglycerine	Hypnotics
Strychnine		
Chloride of calcium		
Atropine		

No entanto, a aceitação internacional do fenobarbital como fármaco antiepilético foi seriamente atrasada, devido, em primeiro lugar, à escassa importância fora da Alemanha da revista em que Hauptmann publicou os relatórios do seu trabalho *(Miinchener Medizinische Wochenschrift)* e, em segundo lugar, ao início da Primeira Guerra Mundial. Num dos seus primeiros relatórios sobre a utilização da fenobarbitona em Inglaterra, Charles Brooks, médico da colónia de Chalfont Centre, em Londres, referiu a sua eficácia particular em casos graves de convulsões e em condições epilépticas com deficiência mental associada. Brooks referiu também que, se o barbitúrico não mostrasse um certo grau de eficácia nos primeiros meses de tratamento, o resultado da terapia não seria satisfatório, pelo que seria necessário encontrar uma alternativa [34]. Num relatório posterior, Brooks fez uma análise atenta dos padrões de utilização da fenobarbitona, concluindo que era mais eficaz do que os brometos, mas que não era particularmente útil em doentes com convulsões de baixa intensidade [35], Foi precisamente o Chalfont Centre que publicou, no final da década de 1920, um dos primeiros guias terapêuticos para doentes epilépticos recém-admitidos, escrito por F Haward [7], Segundo este guia, o brometo de potássio era o tratamento de primeira escolha, embora devesse ser substituído pelo fenobarbital se não houvesse remissão das crises num determinado período de tempo (Tabela 1.1.2). Se, após três meses de tratamento, a melhoria não fosse evidente, o guia recomendava o tratamento com uma combinação de Luminal e brometo de potássio. Além disso, estabelecia a posologia recomendada para a fenobarbitona: 1 grão (65 gramas) de manhã e outro à noite para os doentes adultos, e 1/2 grão no caso das crianças; a dose devia ser aumentada gradualmente, de acordo com a resposta clínica, mas nunca devia exceder 6 grãos por dia [36]. No início da década de 1930, o uso do fenobarbital superou definitivamente o dos brometos no tratamento das crises epilépticas, apesar dos primeiros relatos de tolerância farmacológica e do risco de crises quando a retirada era muito abrupta. O fenobarbital é atualmente o fármaco antiepilético mais prescrito no mundo [37]. Embora nos países desenvolvidos tenha passado para um plano secundário na terapia, para o tratamento de crises parciais e generalizadas, devido ao seu perfil de efeitos adversos.

Nos anos que se seguiram à descoberta das propriedades antiepilépticas do fenobarbital, foram estudados numerosos derivados barbitúricos no campo da epilepsia, sendo os mais importantes o mefobarbital (Prominal) [38] e, sobretudo, o desoxibarbital ou primidona (Mysoline). A primidona foi sintetizada por Bogue e Carrington em 1949, demonstrando sua atividade antiepiléptica em pacientes com crises generalizadas em 1952 [39]. Inicialmente, a primidona despertou um grande interesse terapêutico, pois pensava-se que a sua eficácia anticonvulsivante poderia ser superior à dos outros barbitúricos disponíveis e sem efeitos sedativos [40], mas este interesse rapidamente esmoreceu após se ter demonstrado que o fenobarbital era um metabolito deste fármaco, Estudos clínicos comparativos realizados com o fenobarbital e o seu pró-fármaco, a primidona, não mostraram diferenças entre os dois [42]. Atualmente, a primidona ainda é considerada como tendo alguma utilidade nas crises parciais e secundárias generalizadas, mas não é um fármaco de primeira escolha. Ao contrário do fenobarbital, não pode ser utilizada no status epilepticus, uma vez que não foi desenvolvida uma formulação galénica para a sua administração parentérica. A descoberta por Houston Merritt e Tracy Putnam, em 1938, das propriedades anticonvulsivantes da fenitoína (o primeiro fármaco a demonstrar que um antiepilético não precisa de ser um hipnótico), em 1944, da trimetadiona e, no final da década de 1950, da carbamazepina, alargou o espetro de fármacos antiepilépticos, resultando na diminuição do uso de barbitúricos nestas aplicações.

1.10: A utilização de barbitúricos na anestesia intravenosa

Apesar da existência de algumas publicações sobre o uso do Somnifen como anestésico geral já em 1921 pelo anestesista francês Daniel Bardet - que observou que seus pacientes acordavam muito lentamente e com sérias dores de cabeça [43] - o primeiro barbitúrico a ser usado sistematicamente em anestesia foi o sec-butil-(2-bromo-alil)-barbiturato de sódio (Pernocton). Este foi introduzido no campo pelo obstetra alemão Bumm em 1927 [44]. Posteriormente, à medida que novos barbitúricos foram sintetizados para administração oral como sedativos, foram formulados sais de sódio dos mesmos fármacos, que podiam ser administrados por via intravenosa e utilizados como anestésicos [45]. Entre os pioneiros nesse campo, destaca-se John S. Lundy, da Clínica Mayo (Rochester, EUA), que introduziu o amobarbital sódico (1929) e o pentobarbital sódico (1930) na anestesia.
A adição de um grupo metil à molécula de butobarbital, pelos químicos Kropp e Taub da Bayer (IG Farbenindustrie, Leverkusen) no início da década de 1930, deu origem ao hexobarbital, cujo sal sódico (Evipal), introduzido na anestesia clínica em 1932 [46], constituiu o primeiro agente barbitúrico indutor de anestesia. Dez anos após a sua introdução, mais de 10 milhões de pessoas tinham sido submetidas a operações com a ajuda deste fármaco [47]. A duração da ação do hexobarbital era mais curta do que a dos seus antecessores, dada a sua maior lipofilicidade, mas, sob o seu efeito, ocorriam alguns movimentos musculares. Este problema foi resolvido com modificação seguinte da estrutura química do núcleo básico dos barbitúricos, a adição de um grupo enxofre ao pentobarbital. Assim nasceram os agentes que iriam revolucionar a anestesia intravenosa, os tiobarbitúricos, graças ao trabalho de Volwiler e Tabern dos Laboratórios Abbott [48], o grupo de John Lundy, que deu ao derivado sulfuroso do pentobarbital o nome de Thionembutal, estudou estes agentes como anestésicos na Fundação Mayo. O seu sal de sódio foi comercializado como Pentotal. A equipa liderada por Ralph M Waters da Faculdade de Medicina da Universidade de Wisconsin (Madison, EUA) foi a primeira a iniciar a administração clínica de Pentotal, tendo publicado os seus resultados em 1936 [49]. Este agente rapidamente substituiu os restantes barbitúricos como anestésico, em parte devido à rapidez do seu início de ação e ao seu curto período de ação, e continua a ser atualmente o anestésico intravenoso preferido em muitos tipos de intervenção cirúrgica. Apesar da eficácia anestésica tanto do hexobarbital como do tiopental, os barbitúricos mais utilizados em cirurgia em meados do século XX, não estavam isentos de problemas clínicos de roubo. Tais problemas foram trazidos ao conhecimento público de forma particularmente infeliz após o envolvimento destes agentes, aparentemente devido a negligência, em numerosos casos de morte em doentes tratados em estado de choque após o ataque japonês a Pearl Harbor em dezembro de 1941. Alguns autores chegaram a descrever estes medicamentos como a "forma ideal de eutanásia" [36]. Após a Segunda Guerra Mundial, a procura de barbitúricos anestésicos continuou e foram introduzidos novos compostos, como o tiobutobarbital [50], , embora o único que verdadeiramente desafiou o tiopental foi o methohexital (Brietai), desenvolvido pelo grupo de SM Chernish nos Lilly Research Laboratories (Indianápolis, EUA) em 1956. Em ensaios clínicos, o methohexital demonstrou ser mais potente do que o tiopental e levar a uma recuperação mais rápida dos doentes; foi recomendado para utilização como indutor anestésico em pequenas cirurgias ambulatórias [51]. O desenvolvimento subsequente de outros agentes anestésicos para administração intravenosa (hidroxidiona, alfaxalona, etomidato, propofol, etc.) levou a uma redução do uso de barbitúricos neste contexto.

1.11: O pico e o declínio da terapia com barbitúricos

Como já foi referido, químicos de diferentes universidades e empresas farmacêuticas conseguiram sintetizar mais de 2500 derivados de barbitúricos. As propriedades farmacocinéticas diferenciadas destes agentes permitiram elaborar uma classificação clínica prática, baseada na duração da sua ação farmacológica [52]. Assim, os barbitúricos da categoria de ação curta ou intermédia (secobarbital, amobarbital, pentobarbital) foram inicialmente utilizados como hipnóticos, enquanto os de ação prolongada (fenobarbital) foram largamente utilizados como ansiolíticos e anticonvulsivantes; os agentes de ação ultracurta, nomeadamente o tiopental sódico, foram especialmente úteis como indutores anestésicos para pequenas operações (quadro 1.1.3). Ocasionalmente, alguns barbitúricos foram utilizados no tratamento de outras doenças. Um desses casos é a utilização de primidona no tratamento do tremor essencial [53], enquanto outro é o das combinações de barbitúricos e analgésicos (salicilatos, codeína, etc.) no tratamento de cefaleias, enxaquecas e outros tipos de dor [54], embora essas aplicações sejam atualmente consideradas contraproducentes.

Quadro 1.1.3: Classificação e principais aplicações clínicas dos barbitúricos mais utilizados antes da Segunda Guerra Mundial.

	Barbiturates	Trade name	Chemical name	Clinical indications
Long-acting	Phenobarbital	Luminal	5-ethyl-5-phenylbarbituric acid	Sedative
Intermediate-acting	Amobarbital	Amytal	5-ethyl-5-isopentylbarbituric acid	Hypnotic
Short-acting	Pentobarbital	Nembutal	5-ethyl-5-(1-methylbutyl)-barbituric acid,	Hypnotic and anticonvulsant
	Secobarbital	Seconal	5-allyl-5-(1-methylbutyl)-barbituric acid	Hypnotic
Ultrashort-acting	Thiopental	Pentothal	5-ethyl-5-(1-methylbutyl)-thiobarbituric acid	Anesthesia inducer

Alguns barbitúricos, como o amital sódico e o pentotal sódico (este último conhecido como "o soro da verdade") eram muito conhecidos e utilizados como agentes coadjuvantes para o exercício da narcoanálise, tal como inicialmente desenvolvido por Bleckwenn em 1930 [55], Em princípio, a aplicação de uma infusão de barbitúricos revertia temporariamente o estado catatónico de certos doentes esquizofrénicos. Estas curas da catatonia permitiam aos doentes, durante algumas horas, manter conversas e interagir com o ambiente, antes de regressarem ao seu estado de letargia. Apesar do facto de a resposta ser algo breve, estas curas eram bastante habituais nos asilos europeus dos anos 1930 e 1940. Mas uma variante desta técnica generalizou-se durante e após a Segunda Guerra Mundial: consistia na administração intravenosa de um barbitúrico de ação curta, que tinha um efeito desinibidor (potenciando as transferências positivas) e facilitava o exercício posterior da psicoterapia (fenómeno designado por "ab-reação catártica") [16].

Foi durante as décadas de 1930 e 1940 que os barbitúricos atingiram a sua maior popularidade e foram mais amplamente utilizados, colocando-os numa posição que poderia ser comparada, de acordo com [3], à atualmente ocupada pelas benzodiazepinas. Os barbitúricos mais utilizados nessa altura eram o fenobarbital, o amobarbital sódico, o secobarbital sódico, o pentobarbital sódico e o tiopental sódico. Apesar do seu uso generalizado durante a primeira metade do século XX, nenhum barbitúrico conseguiu eliminar os principais inconvenientes destes fármacos, que eram os fenómenos de dependência e morte por overdose [56]. Entre os paradoxos do destino está a possível morte por overdose dos dois cientistas que introduziram o primeiro barbitúrico, Fischer e von Mering, após alguns anos de dependência dessas substâncias [57]. Para reduzir estes problemas, do ponto de vista legal, foram aprovadas uma série de leis com o objetivo de regular a distribuição e venda de barbitúricos. A primeira delas entrou em vigor na Califórnia em 1929. No entanto, os seus efeitos foram limitados, se tivermos em conta, por exemplo, que a produção de barbitúricos nos EUA aumentou mais de 400% a partir de 1933, tendo sido vendidas cerca de 70 toneladas destas drogas em 1936. O problema do uso de barbitúricos no período pré-benzodiazepínico foi tal que, só nos EUA, a produção destes medicamentos atingiu, em 1955, a quantidade necessária para o tratamento de 10 milhões de pessoas durante um ano inteiro. A capacidade dos barbitúricos para causar dependência foi descrita na literatura médica já um ano após a comercialização do barbital ("o hábito Veronal"), embora a evidência fiável do potencial destes fármacos para gerar abuso não estivesse disponível até aos anos 50 [58], De facto, doses 4 a 6 vezes superiores à dose terapêutica como hipnóticos dos barbitúricos de ação curta (400-600 mg/dia de amobarbital, secobarbital ou pentobarbital) provocavam, se o tratamento fosse suficientemente prolongado, autênticas síndromes de abstinência quando o uso era interrompido. Para atenuar estes efeitos, o Comité de Peritos em Estupefacientes da Organização Mundial de Saúde recomendou (nas suas sessões de 7 a 12 de janeiro de 1952 e de 18 a 24 de outubro de 1956) que os barbitúricos só pudessem ser vendidos mediante receita médica. Apesar disso, e de acordo com diferentes estimativas, em 1965 havia 135 000 dependentes de barbitúricos em Inglaterra, enquanto nos Estados Unidos foi declarado, por um comité especial para a toxicodependência criado pelo Presidente Kennedy em 1962, que poderiam existir até 250 000 americanos dependentes de barbitúricos. Com efeito, os Estados Unidos produzem atualmente 30 comprimidos de barbitúricos por habitante e por ano [57]. O amobarbital e o pentobarbital chegaram mesmo a ser utilizados em misturas com derivados de anfetaminas *(goofballs),* como o Dexamyl, uma combinação de dextroanfetamina e amobarbital. Relativamente aos frequentes casos de morte por overdose, dada a pequena margem terapêutica destas substâncias, é de salientar que este era um método comum nas tentativas de suicídio. Basta recordar, a este propósito, o célebre caso de Marilyn Monroe, em cuja certidão de óbito consta claramente "intoxicação aguda por sobredosagem de barbitúricos". O efeito letal destes compostos era tal que uma mistura de barbitúricos com outras substâncias chegou a ser utilizada em alguns estados dos EUA para a execução de prisioneiros condenados à morte. Além disso, existem relatos clássicos de overdose fatal devido ao "fenómeno do automatismo", em que o doente tomava a sua dose, esquecia-se que já a tinha tomado, dado o efeito amnésico da droga, e voltava a tomá-la, repetindo-se este processo várias vezes [59]. A este propósito, e só na cidade de Nova Iorque, no período de 1957-1963, registaram-se 8469 casos de overdose de barbitúricos, com 1165 mortes [20], enquanto no Reino Unido, entre 1965 e 1970, se registaram 12 354 mortes atribuídas diretamente aos barbitúricos [60]. Estes dados não devem surpreender-nos, uma vez que, num período de apenas um ano (1968), foram emitidas 24,7 milhões de receitas de barbitúricos no Reino Unido [61]. Perante estes dados, o Advisory Council Campaign da Grã-Bretanha adoptou medidas de restrição à prescrição destes fármacos. Entretanto, a prescrição de barbitúricos sedativos de ação prolongada foi fortemente combatida através da ação dos cidadãos da Campanha sobre o Uso e as Restrições dos Barbitúricos na década de 1970. Por outro lado, quando o uso de barbitúricos estava no seu auge, ocorreu uma verdadeira revolução na abordagem das perturbações psiquiátricas, graças à introdução na prática clínica dos primeiros instrumentos farmacológicos destinados especificamente ao tratamento destes doentes [62-69]. Esta "revolução psicofarmacológica" iniciou-se com a descoberta e utilização clínica da clorpromazina [70], culminando com a comercialização da benzodiazepina, clordiazepóxido, em 1960. A descoberta das benzodiazepinas foi de facto possível, em parte, pelos 60 anos de investigação clínica e básica proporcionados pelos barbitúricos, cuja vida terapêutica, a partir dessa altura, começou a declinar.

1.12: Barbitúricos hoje

Atualmente, o uso de barbitúricos está circunscrito a aplicações terapêuticas bastante específicas [71]. Assim, o fenobarbital e o butabarbital continuam a ser utilizados como sedativos em casos de perturbações funcionais gastrointestinais e asmáticas, bem como para antagonizar os efeitos estimulantes centrais adversos de fármacos como a efedrina, a dextroanfetamina ou a teofilina. O fenobarbital também é utilizado em casos de síndromes de abstinência de agentes hipnosedativos. No domínio da neurologia, o fenobarbital e a primidona continuam a ser utilizados, não só no tratamento da epilepsia, mas também no tratamento de urgência de alguns tipos de convulsões, como as associadas ao tétano, à eclâmpsia, à hemorragia cerebral, ao estado epilético ou a diferentes formas de envenenamento. Como indutores anestésicos intravenosos, são utilizados os barbitúricos de ação ultracurta, o tiopental e o metoxital, sendo também administrados por via rectal em crianças ou como sedativo em alguns exames de diagnóstico por imagem. (O quadro 1.1.4) apresenta as aplicações terapêuticas dos barbitúricos que sobreviveram até aos nossos dias.

Quadro 1.1.4: Barbitúricos atualmente utilizados e aplicações terapêuticas.

Barbiturate	Routes of administration	Therapeutic uses
Amobarbital	Oral, Intramuscular, Intravenous.	Insomnia, Preoperative sedation Emergency management of seizures
Aprobarbital	Oral	Insomnia
Butabarbital	Oral	Insomnia, Preoperative sedation
Mephobarbital	Oral	Epilepsy, Daytime sedation
Methohexital	Intravenous	Induction/maintenance of anesthesia
Pentobarbital	Oral, rectal, Intramuscular, Intravenous	Insomnia, Preoperative sedation, Emergency management of seizures
Phenobarbital	Oral, Intramuscular, Intravenous	Epilepsy, Status epilepticus Daytime sedation
Primidone	Oral	Epilepsy
Secobarbital	Oral, rectal, Intramuscular, Intravenous	Insomnia, Preoperative sedation Emergency management of seizures
Thiopental	Rectal, Intravenous	Induction/maintenance of anesthesia, Preoperative sedation, Emergency management of seizures

Para além destas indicações aprovadas, os barbitúricos apresentam outras utilizações actuais. O fenobarbital é capaz de melhorar o transporte hepático da bilirrubina em doentes com iterícia hemolítica, pelo que pode ser utilizado em recém-nascidos para tratar a hiperbilirrubinemia e o kernicterus. A nível diagnóstico, o amobarbital, em doses baixas, pode ser injetado diretamente na artéria carótida antes de uma neurocirurgia para identificar o hemisfério cerebral dominante. Finalmente, doses anestésicas de barbitúricos podem atenuar edemas cerebrais pós-cirúrgicos e ter efeitos positivos em casos de isquemia cardíaca e cerebral, reduzindo o tamanho da região infartada. Além disso, os barbitúricos têm sido usados desde a década de 1970 no tratamento do traumatismo cranioencefálico agudo por sua capacidade de reduzir a pressão intracraniana [72]. O mecanismo pelo qual os barbitúricos em altas doses parecem exercer seus efeitos de redução da pressão intracraniana é duplo: redução do metabolismo (com a consequente menor necessidade de oxigénio pelo tecido cerebral) e modificações no tónus vascular [73], Além disso, alguns efeitos neuroprotectores diretos, como a estabilização da membrana ou a inibição da peroxidação lipídica mediada por radicais livres, têm sido postulados [74], Apesar dos resultados do ensaio clínico multicêntrico randomizado publicado pela que demonstrou a eficácia de barbitúricos em altas doses em pacientes gravemente feridos na cabeça com elevações intracranianas intratáveis da pressão, colaborações recentes, baseadas na metodologia Cochrane, concluíram que não há evidência de melhoria da saúde neste tipo de doentes [74], Os barbitúricos introduzidos clinicamente há um século foram os primeiros agentes farmacológicos a demonstrar - num período histórico terapeuticamente inóspito - uma eficácia real em diferentes perturbações neuropsiquiátricas. Foram o tratamento de primeira linha como hipnóticos e anticonvulsivantes durante a primeira metade do século XX. Os resultados clínicos obtidos nos últimos anos noutras indicações, como o tratamento (agudo ou profilático) do traumatismo crânio-encefálico, embora contraditórios, parecem confirmar que, do ponto de vista farmacológico, os barbitúricos continuam a fornecer certas novidades e que, na sua história, a última página ainda não foi escrita.

Uma vez que o trabalho de investigação incide sobre o estudo da síntese de alguns barbitúricos a partir de diferentes fontes e a sua avaliação biológica, é essencial conhecer os princípios básicos dos compostos biologicamente activos através da pesquisa bibliográfica. Existem principalmente dois tipos diferentes de fontes de compostos biologicamente activos: (1) Fonte sintética (2) Fonte natural. As fontes sintéticas são subclassificadas de várias formas, de acordo com a utilização de diferentes métodos sintéticos (métodos químicos), como a reação de acoplamento cruzado, a reação de formação de ligações C-C, a reação de denominação, a reação orgânica catalisada por metais, etc., utilizadas para sintetizar agentes biologicamente activos. As fontes naturais dividem-se em três classes diferentes: (i) fontes vegetais; (ii) fontes marinhas; (iii) fontes microbianas; (iv) fontes fúngicas. A natureza continua a ser a fonte mais prolífica de quimiotipos biologicamente activos e diversificados.

1.13: Objetivo do trabalho

Com base na pesquisa bibliográfica acima referida, decidimos o seguinte objetivo do trabalho de investigação

- ✓ Procurar novos farmacóforos que possam conferir actividades potenciais.
- ✓ Obter os novos derivados com potenciais actividades biológicas múltiplas.
- ✓ Para analisar os análogos recentemente sintetizados contra alvos biológicos específicos e inibidores.

Para este trabalho de investigação, utilizámos diferentes tipos de fontes de síntese (processos químicos), tais como

- ✓ Reação de Hantzch, Reação de acetilação catalisada por ácido, Reação de condensação de Claisen-Schmidt.

1.14: Análise de bioensaios - Ensaio antimicrobiano [difusão em disco de papel (método de diluição em estrias de ágar)

As sondas híbridas sintetizadas de aminas aromáticas e derivados do ácido barbitúrico foram examinadas quanto à sua atividade antimicrobiana contra cinco estirpes bacterianas *(S. aureus, S. pyogenes, E. coli, K. pneumoniae* e *P. aeruginosa)* e quatro estirpes fúngicas (C. *albicans, A. clavatus, T. rubrum* e *Penicillium wild strain)* utilizando a técnica de difusão em disco de papel [73-75]. Os meios de ágar Mueller-Hinton foram esterilizados (autoclavados a 120 °C durante 30 min), vertidos a uma profundidade uniforme de 5 mm e deixados a solidificar. A suspensão microbiana (10^5 CFU/mL) (0,5 McFarland Nephelometery Standards) foi espalhada sobre a superfície dos meios utilizando uma zaragatoa de algodão estéril para garantir um crescimento uniforme dos organismos. Os compostos testados foram dissolvidos em sulfóxido de dimetilo para obter soluções de 3,12- 100 mg/mL. Discos de papel de filtro estéreis com 6,25 mm de diâmetro (papel de filtro Whatman n.º 1), previamente embebidos numa concentração conhecida do respetivo composto de ensaio em dimetilsulfóxido, foram colocados no meio de ágar nutriente solidificado que tinha sido inoculado com o respetivo microrganismo e as placas foram incubadas durante 24 h a 37 ± 1 °C. Foi utilizado um disco de controlo impregnado com uma quantidade equivalente de dimetilsulfóxido sem qualquer amostra, que não produziu qualquer inibição. A ciprofloxacina e a griseofulvina (100 mg/disco) foram utilizadas como fármacos de controlo para a atividade antibacteriana e antifúngica, respetivamente. A CIM do composto foi determinada pelo método de diluição em série em ágar. Foi preparada uma solução de reserva do composto sintetizado (100 mg/mL) em dimetilsulfóxido e foram incorporadas quantidades graduadas dos compostos de teste numa quantidade especificada de ágar estéril fundido, ou seja, ágar nutriente para avaliação da atividade antibacteriana e ágar sabouraud dextrose para a atividade antifúngica, respetivamente. O meio contendo o composto de ensaio foi vertido numa placa de Petri a uma profundidade de 4-5 mm e deixado solidificar em condições asssépticas. Foi preparada uma suspensão do respetivo microrganismo de aproximadamente 10^5 CFU/mL e aplicada a placas com compostos diluídos em série com concentrações na gama de 3,12-100 mg/mL em dimetilsulfóxido e incubadas a 37 ± 1 °C durante 24 h (bactérias) ou 48 h (fungos). A concentração mais baixa da substância que impede o desenvolvimento de um crescimento visível é considerada como o valor MIC [75],

1.11 Referências

1. Alamo C, Lopez-Munoz F, Echaniz T. Madrid: Ediciones Eurobook SL. 245-68, **1998.**
2. Von Baeyer A.; Annalen. 1864; 130:129.
3. Hollister L.E.; J Psychoactive Drugs. 15:9-13, **1983.**
4. Sneader W.; Chichester: J Wiley; **1985.**
5. Scott D.F.: The discovery of antiepileptic drugs. 1, 111-118, **1992.**
6. Lehmann H.E.; Neuropsychopharmacology. 8:291-303,1993.
7. Shorvon S.D., Sander J.W.A.S.; Blackwell Science; 1996. pp. xvii-xliv, **1996.**
8. Shorter E. A history of psychiatry. From the era of the asylum to the age of Prozac. New York: J Wiley; **1997.**
9. Healy D. The creation of psychopharmacology (A criação da psicofarmacologia). Cambridge: Harvard Univ Pr; **2002.**
10. Woodward SB. Observations on the medical treatment of insanity (1846) Am J Psychiatry. 151, 220-230, 1994.
11. Norton A. Depressão. BMJ. 2:429-430, **1979.**
12. Sourkes T.L.; Mol Chem Neurophath. 17, 21-30,**1992.**
13. McLeod N.; BMJ. i: 134-136, **1900.**
14. Balme R. J Royal Coll Physic. 10:205-208, **1976.**
15. Kast A.; Berl Klin Wochenschr. 25:309-314, **1888.**
16. Lehmann H.E., Ban T.A.; Springfield: Charles C Thomas; **1970.**
17. Carter M. K.; J Chem Educ. 28, 525-528,**1951.**
18. Dundee J.W., McIlroy P.D.A.; Anaesthesia. 1982; 37:726-734, **1982.**
19. Cohen W.A.T.; Chemisch Weekblad. 40, 176, **1943.**
20. Sharpless S.K.; Os barbitúricos. In: Goodman LS, Gilman A, editores. The pharmacological basis of therapeutics. 4. New York: The MacMillan Company; OSHO, **1970.**
21. Fischer E., Von M. L; Therapie Gegenwart. 44:97-101, **1903.**
22. Tabern D.L., Volwiler E.H.; J Am Chem Soc. 57:1961-1963, **1935.**
23. Epifanio G.; Riv PatolNerv Mentale. 20, 273-308, **1915.**
24. Windholz G., Witherspoon L.H.; Hist Psychiatry. 4, 83-93, **1993.**
25. Klaesi L; Zeitsch gesamte Neurol Psychiatric. 74:557-592, **1922.**
26. Muller M. Zeitsch gesamte Neurol Psychiatric. 107, 522-543, **1927.**
27. Cloetta M., Maier A.W.; Zeitsch gesamte Neurol Psychiatric. 164, 146-162, **1934.**
28. Monnier M.; Nervenartz. 9, 14-29, **1936.**
29. Slater E.; Contemp Rev. 226, 70-75, **1975.**
30. Von M. L.; Halle: Marhold; **1937.**
31. Cameron D.E.; Am J Psychiatiy. 112, 502-509, **1956.**
32. Hauptmann A.; MUnch Med Wochenschr. 59, 1907, **1912.**
33. Ivanez V.; Diez-Tejedor E.; Madrid: Ediciones Eurobook SL. 347-3 64, **1998.**

34. Brooks C.; Relatório do médico assistente. 19, **1922.**
35. Brooks C.; Relatório do médico assistente. 23, **1923.**
36. Haward F. C.; Relatório do médico assistente. 24, **1928.**
37. Shorvon S.D.; Oxford: Blackwell Science. **2000.**
38. Weese H.; Dtsch Med Wochenschr'. 5 8, 696, **1928.**
39. Handley R., Stewart A.S.R.; Lancet. 262, 742, **1952.**
40. Bogue J.Y., Carrington H.C.; Br J Pharmacol. 8, 230-235, **1953.**
41. Butler T.C., Waddell W.J.; Proc Soc Exp Biol NY. 93, 544-566,**1956.**
42. Oleson O.V., Dam M.; Ata Neurol Scand. 43, 348-356, **1967.**
43. Bardet D.; Bull Gen Therap Med Chirurg Obstetr Pharm. 172, 27-33,**1921.**
44. Bumm R. Klin Wochenschr. 6, 725-726,**1927.**
45. Dundee J.W., McIlroy P. D. A.; Anaesthesia. 37, 726-734, **1982.**
46. Weese H., Scharpff W.; Dtsch Med Wochenschr. 58, 1205-1207, **1932.**
47. Adams RC. Intravenous anesthesia. Nova Iorque: Hoeber; **1944.**
48. Tabern D.L., Volwiler E.H.; J Am Chern Soc. 57, 1961-1963, **1935.**
49. Pratt T.W., Tatum A.L., Hathaway H.R.; Am J Surg. 31, 464-466, **1936.**
50. Horatz K., StUrtzbecher F.; Anaesthesist. 1, 149-150, **1952.**
51. Taylor C., Stoelting V.K.; Anesthesiology. 21, 29-34, **1960.**
52. Hollister L.E.; J Psychoactive Drugs. 15, 9-13,**1960.**
53. Koller W.C., Hristova A., Brin M.; Neurology. 54, 30-38, **2000.**
54. Wolf H.G., Hardy J.D., Goodell H.; J Clin Invest. 20, 63-80, **1941.**
55. Bleckwenn W.J.; JAMA. 95, 1168-1171,**1930.**
56. Johns M.W.; BMJ. 1128-1130, **1977.**
57. Escohotado A.; Historia elementar de las drogas. Barcelona: Editorial Anagrama. **1996.**
58. Glatt M.M.; UNODC Bull Narc. 2, 19-38, **1977.**
59. RichardsR.;BMJ. I, **331,1934.**
60. Barraclough B.M.; Lancet. I, 57-58, **1974.**
61. Plant M.; Drug problems in Britain. A review of ten years. London: Academic Pr; 245-280, **1981.**
62. Caldwell A.E.; História da psicofarmacologia. In: Clark WG, Del Giudice J, editores. Principles of psychopharmacology. New York: Academic Pr; 9-30, **1970.**
63. Jacobsen E.; Psychopharmacology. 89, 138-144, **1970.**
64. AydF.L; Neuropsychopharmacology. 5, 71-84, **1991.**
65. Lehmann H.E.; Neuropsychopharmacology. 8, 291-303, **1993.**
66. Frankenburg F.R; Psychiatr Clin North Am. 17, 531-540, **1994.**
67. Lopez-Munoz F., Alamo C., Cuenca E.; COM (revista eletrónica), 4 (3), **2000.**
68. Ban T.A.; Prog Neuro-Psychopharmacol Biol Psychiatr. 25, 709-727, **2001.**
69. Healy D. The creation of psychopharmacology (A criação da psicofarmacologia). Cambridge: Harvard Univ Pr; **2002.**
70. Lopez-Munoz F., Alamo C., Rubio G.; Prog Neuropsychopharmacol Biol Psychiatry. 28, 205-208, **2004.**
71. Charney D.S., Mihic S.J., Harris R.A.; Hypnotics and sedatives. In: Hardman JG, Limbird LE, editores. Goodman & Gilman's The Pharmacological Basis of Therapeutics. 10. New York: MacGraw-Hill; 399-427, **2004.**
72. Marshall L.F., Smith R.W., Shapiro H.M.; J Neurosurg. 50, 26-30,**1979.**
73. Kassell N.F., Hitchon P.W., Gerk M.K.; Neurosurgery. 7, 598-603, **1980.**
74. Piatt J.H., Schiff S.J.; Neurosurgery. 15, 427^144, **1984.**
75. Bauer A.W., Kirby W.M., Sherris J.C., Turek M., Am J Clin Pathol. 45, 493^196, **1966.**

CAPÍTULO 2

Síntese, caraterização e bioensaio de derivados de chaicone à base de ácido barbitúrico

Este capítulo aborda a síntese, a caraterização e a atividade antimicrobiana da chaicone à base de ácido barbitúrico.

2.0 Introdução

Duas séries de análogos de chaicone (cetona a/p-insaturada) à base de ácido barbitúrico e ácido tiobarbitúrico foram sintetizadas através de um protocolo sintético simples e eficiente. As estruturas dos compostos foram elucidadas com a ajuda de IR, *H NMR, ^{13}C NMR, espetroscopia HMBC e análise elementar. Os análogos mais recentes foram examinados quanto à sua eficácia biológica *in vitro* contra bactérias gram positivas, bactérias gram negativas e fungos para derivados de chaicone à base de ácido barbitúrico e ácido tiobarbitúrico, utilizando o teste de difusão em disco de papel (para a zona de inibição) e o método de diluição em série de ágar (para a concentração inibitória mínima). Os resultados preliminares indicaram que os novos produtos são potenciais compostos líderes que exibem excelentes actividades farmacológicas para o futuro processo de descoberta de medicamentos. Os resultados do bioensaio revelaram que a maioria dos análogos finais exibiu uma bioeficácia potencial com um nível notável de CIM. No presente estudo, foi investigado o efeito de vários substituintes retiradores/doadores de electrões no anel fenílico da fração de chaicone nos perfis de atividade.
Apesar do rápido progresso da ciência, o tratamento de doenças infecciosas continua a ser um problema sério que preocupa a comunidade científica, principalmente devido à grande variedade de factores que levam ao aparecimento destas doenças e também ao aumento do número de microrganismos patogénicos com resistência a vários medicamentos. Com a proliferação de estirpes microbianas multirresistentes, a necessidade de uma terapia eficaz estimulou a investigação sobre a síntese de novas moléculas antimicrobianas. [1] A importância medicinal dos derivados da pirimidina, como o ácido barbitúrico e o ácido tiobarbitúrico, desempenha um papel vital entre vários compostos heterocíclicos devido à sua atividade anti-neoplásica [2], antiviral [3], antibiótica [4] e anti-inflamatória [2]. O sistema de anéis de pirimidina está presente em vários compostos naturais, como ácidos nucleicos, vitaminas, coenzimas, ácido úrico, purinas, alguns microrganismos marinhos, por exemplo, *esponjas* [5]. Muitos fármacos sintéticos (por exemplo, derivados *do ácido barbitúrico e tiobarbitúrico)* e agentes quimioterapêuticos (por exemplo, *sulfadiazina*) [6]. A atividade biológica diversificada e a cobertura de um amplo espaço químico tornam os derivados do ácido barbitúrico e tiobarbitúrico excelentes compostos-alvo para os químicos orgânicos e medicinais. Devido à sua disponibilidade imediata e às várias possibilidades de finalização, os ácidos barbitúrico e tiobarbitúrico de origem são materiais de partida convenientes para a preparação de diferentes heterociclos fundidos e a pesquisa bibliográfica também atribui que os derivados 5-substituídos são compostos farmacologicamente activos [7], As chaiconas e os seus derivados são uma estrutura molecular atractiva para a procura de novas moléculas biologicamente activas [8], as chaiconas ou 1,3-diaril-2-propen-l-onas são compostos naturais ou sintéticos pertencentes à família dos flavonóides [9], os análogos das chaiconas são muito versáteis como compostos fisiologicamente activos e substratos para a avaliação de várias sínteses orgânicas. Foi relatado que as chaiconas possuem muitas propriedades úteis, incluindo actividades anti-inflamatórias [10], antimicrobianas [11], antifúngicas [12], antioxidantes [13], antimaláricas [14] e anticancerígenas [15, 16]. Os heterociclos desempenham um papel importante em todas as esferas da vida, incluindo produtos farmacêuticos, recursos naturais, veterinária, reagentes

analíticos, produtos agrícolas e corantes. O desenvolvimento de novas abordagens para a síntese de novos heterociclos substituídos por grupos funcionais únicos constitui a base de uma extensa atividade de investigação em química orgânica sintética. Tendo em conta a importância valiosa de diferentes heterociclos discutidos no capítulo 1, fomos levados a sintetizar andaimes de caicone como agentes biologicamente activos. Afirmámos anteriormente que os avanços nos cuidados médicos estão seriamente ameaçados por várias doenças e estes factos sublinham ainda mais a necessidade urgente de encontrar novos compostos eficazes e seguros para manter e melhorar a gestão e a prevenção de tais doenças numa nova era de controlo intensivo, eliminação e erradicação de doenças. A conceção de inibidores que possam acomodar a potência de múltiplos alvos biológicos continua a ser um esforço científico intrigante. Na conceção de novos compostos, o desenvolvimento de moléculas híbridas através da combinação de diferentes farmacóforos numa estrutura pode levar a um aumento da atividade antimicrobiana. Esta abordagem para fundir tais farmacóforos pode oferecer importantes realizações médicas para minimizar a probabilidade de formação de resistência e, para cumprir a tarefa desejada, o trabalho foi racionalizado para construir uma estrutura que conferisse múltiplas actividades biológicas em alvos biológicos específicos. A pesquisa bibliográfica revelou que os análogos de flavonóides, os derivados de pirimidina, o ácido barbitúrico e o ácido tiobarbitúrico são parte importante da química medicinal num programa de descoberta de fármacos. Assim, este capítulo inclui a pesquisa bibliográfica sobre a importância biológica do ácido barbitúrico e do ácido tiobarbitúrico substituídos na posição *C-5* através de (-COCH=CH-) com análogos de fenil motief substituídos e não substituídos. Tendo em conta a importância biológica destes farmacóforos, fomos orientados para enquadrar estas moléculas num único andaime molecular para serem analisadas quanto às suas bioactividades *in vitro.* Este capítulo abrange duas secções, como se indica a seguir.

2.1: Síntese, caraterização e bioensaio de derivados de caicone à base de ácido barbitúrico

Esta parte trata da síntese de novos análogos de chaicone à base de 5-acetil pirimidina-2, 4, 6-(lH, 3H, 5H)-triona que incorporam o anel fenilo através da ligação -COCH=CH-. A pirimidina-2, 4, 6-(lH, 3H, 5H)-triona foi sintetizada a partir de dietilmaloanato (esquema **2.1.1)** e ureia na presença de metóxido de sódio como base e metanol utilizado como solvente a 65 °C. A acetilação C-5 foi efectuada por refluxo de anidrido acético e algumas gotas de H2SO4 durante 1 h. Os compostos-alvo foram preparados utilizando a condensação de Claisen-Schmidt de 5-acetilpirimidina-2, 4, 6-(lH, 3H, 5H)-triona e vários aldeídos de arilo em condições básicas, obtendo-se derivados de chaicone à base de pirimidina.

2.1.1: Experimental

Os produtos químicos e os solventes foram obtidos da sigma-aldrich India. Os pontos de fusão foram determinados em capilares abertos num aparelho eletrónico Veego VMP-D (Veego Instrument Corporation, Mumbai, Índia) e não estão corrigidos. Os espectros de IV (4000-400 $cm^{'1}$) dos compostos sintetizados foram registados num espetrofotómetro Perkin Elmer - Spectrum RX-IFTIR utilizando pastilhas de KBr. A cromatografia em camada fina foi efectuada em lâminas de vidro (2 x 7,5 cm) revestidas com sílica gel-G e as manchas foram visualizadas sob irradiação UV. *Os espectros de RMN de $(^{!)}$H e de RMN $^{de\ (13)}$C foram registados num modelo Advance-II (Bruker), utilizando DMSO como solvente e TMS como padrão interno, com uma frequência de ressonância de 400 MHz e uma frequência de ressonância de 100 MHz para ^{13}C. Os desvios químicos de ^{1}H NMR e ^{13}C NMR foram registados em partes por milhão (ppm) a jusante do TMS (Me4Si). Os padrões de separação são designados do seguinte modo: s, singleto; br s, singleto largo; d, dupleto; t, tripleto; q, quarteto; m, multipleto. Os espectros U.V. foram registados no Maya pro 2000 (Ocean Optics USA). Todas as estirpes padrão para o rastreio das actividades antibacterianas e antifúngicas foram obtidas no Institute of Microbial Technology, Chandigarh. O DMSO foi utilizado como diluente/veículo para obter a concentração desejada de fármacos para testar em estirpes bacterianas padrão.

2.1.2: Via de síntese das chaiconas 5 (a-k) à base de ácido barbitúrico

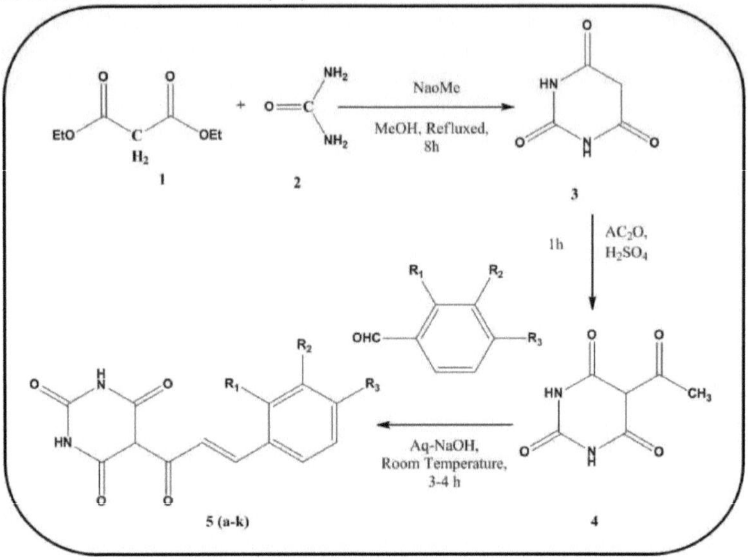

Esquema 2.1: Rota sintética dos compostos 5 (a-k).

2.1.2.1 Síntese da pirimidina 2, 4, 6-(lH, 3H, 5H) triona (3)

Numa solução de metóxido de sódio anidro (2,875 g, 0,5 g de átomo em 62,5 ml de metanol anidro) e 62,5 ml de metanol, refluxou-se a 65 °C durante 7 horas, num balão de fundo plano, uma solução de malonato de dietilo (20 g, 0,5 mol), ureia (7,5 g, 0,5 mol). O sólido branco separa-se rapidamente. Após a mistura reacional, adicionam-se 125 ml de água quente (50°C) e, em seguida, ácido clorídrico suficiente para tornar a solução ácida. A solução límpida resultante é filtrada e arrefecida num banho de gelo durante a noite. O produto branco forma-se a partir da solução límpida. O produto branco é filtrado e lavado com 50 ml de água fria e depois seco numa estufa a 105-110 °C durante 3-4h para obter o composto do título (10,4 g, 65 %), como um pó branco, m.p. 252-257 °C (Decomposto) [17].

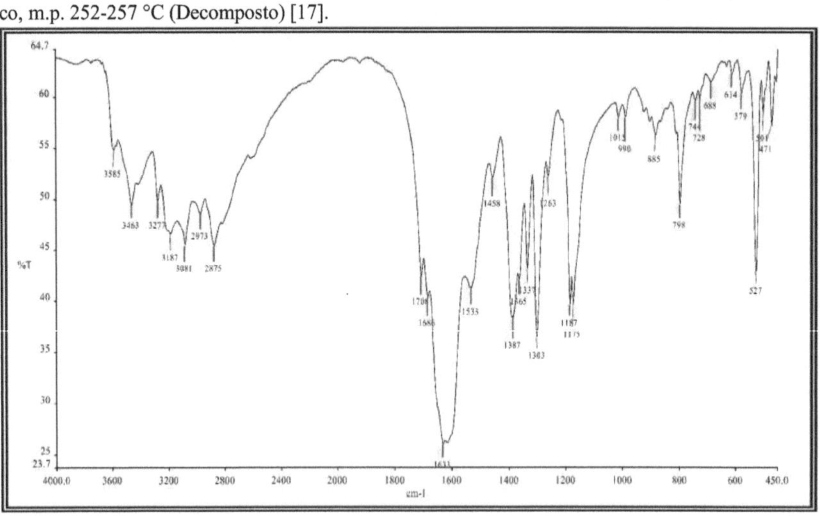

Figura 2.1.1: Espectro FT-IR do composto (3)

2.1.2.2 Síntese da 5-acetilpirimidina 2, 4, 6-(lH, 3H, 5H) triona (4)

Uma solução de pirimidina 2, 4, 6-(lH, 3H, 5H) triona (6,4 g, 0,05 mol), anidrido acético (150 ml) e algumas gotas de ácido H2SO4 foi refluxada durante 1 h. A reação no início era uma suspensão, mas após cerca de 10 min de refluxo muda de cor (laranja) e torna-se uma solução. A mistura reacional foi concentrada até 1/2 do seu volume original e arrefecida a cerca de 10°C. O produto sólido foi formado, filtrado, lavado com água quente e depois com acetona e seco a 80°C durante 30 min para dar o composto (7,8 g, 92%) de rendimento, como um pó amarelo, m.p. 242246 (Decomposto) [18].

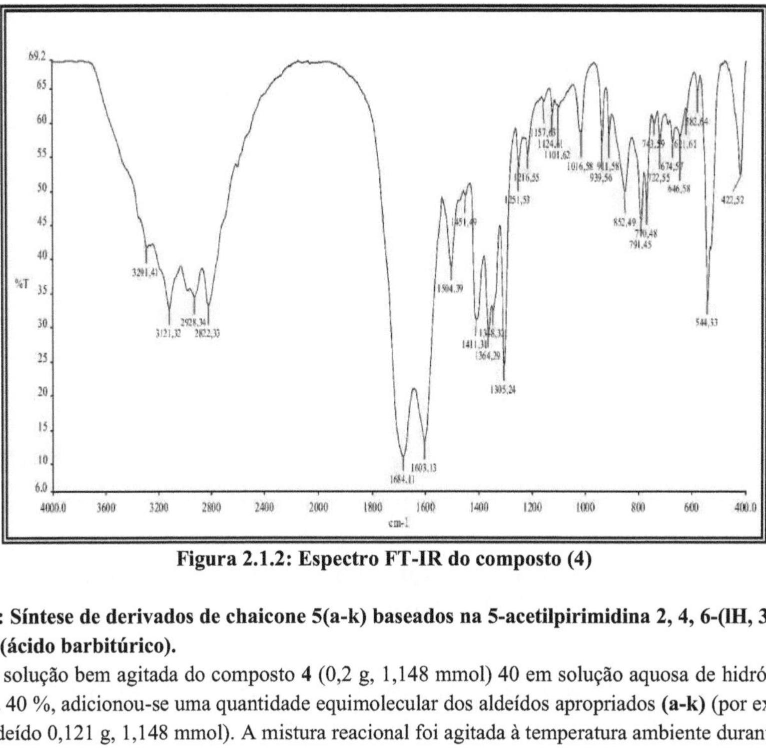

Figura 2.1.2: Espectro FT-IR do composto (4)

2.1.2.3: Síntese de derivados de chaicone 5(a-k) baseados na 5-acetilpirimidina 2, 4, 6-(lH, 3H, 5H) triona (ácido barbitúrico).

A uma solução bem agitada do composto **4** (0,2 g, 1,148 mmol) 40 em solução aquosa de hidróxido de sódio a 40 %, adicionou-se uma quantidade equimolecular dos aldeídos apropriados **(a-k)** (por exemplo, benzaldeído 0,121 g, 1,148 mmol). A mistura reacional foi agitada à temperatura ambiente durante cerca de 12 h. A confirmação da reação foi efectuada por TLC utilizando uma mistura de clorofórmio-metanol e hexano-acetato de etilo (4:1 v/v). Após a conclusão da reação, o composto final foi isolado da água a 6-7 pH. A purificação adicional do composto isolado foi efectuada por recristalização em metanol. Do mesmo modo, foram sintetizados outros compostos 5(a-k) [19].

Estrutura geral da chaicone sintetizada à base de ácido barbitúrico

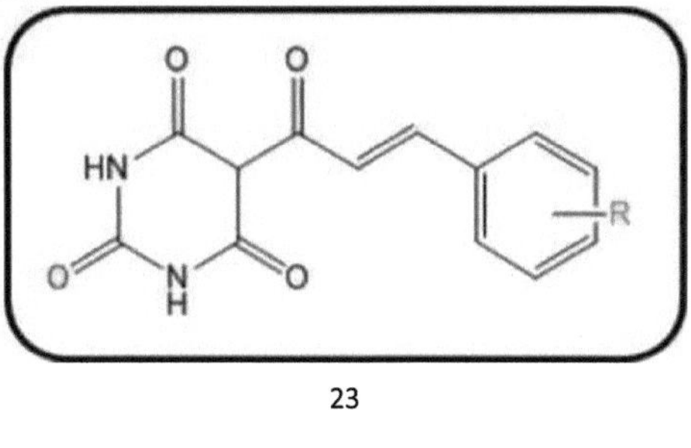

Tabela: **Caracterização físico-química dos compostos sintetizados**

Sr. No.	Compounds code	R as the substituent	Molecular Formula (Weight)	Color	M.P. (°C)	Yield (%)
1.	**5a**	R=-H	$C_{13}H_{10}N_2O_4$ (258.23)	Yellow Solid Powder	184-188	89
2.	**5b**	R=2-OH	$C_{13}H_{10}N_2O_5$ (274.22)	Brown Solid Powder	293-296	81
3.	**5c**	R=4-OH	$C_{13}H_{10}N_2O_5$ (274.22)	Yellow Solid Powder	206-210	79
4.	**5d**	R=4-OCH$_3$	$C_{14}H_{12}N_2O_5$ (288.66)	Yellow Solid Powder	228-233	83
5.	**5e**	R=3,4-OCH$_3$	$C_{15}H_{14}N_2O_6$ (318.28)	Yellow Solid Powder	191-196	83
6.	**5f**	R=2-Cl	$C_{13}H_9ClN_2O_4$ (292.67)	Yellow Solid Powder	237-242	69
7.	**5g**	R=4-Cl	$C_{13}H_9ClN_2O_4$ (292.67)	Yellow Solid Powder	237-242	80
8.	**5h**	R=3-NO$_2$	$C_{13}H_9N_3O_6$ (303.23)	Yellow Solid Powder	203-208	78
9.	**5i**	R=4-NO$_2$	$C_{13}H_9N_3O_6$ (303.23)	Orange Solid Powder	209-213	71
10.	**5j**	R=4-CH$_3$	$C_{14}H_{12}N_2O_4$ (272.25)	Yellow solid Powder	182-187	87
11.	**5k**	Naphthyl ring	$C_{17}H_{12}N_2O_4$ (308.29)	Yellow Solid Powder	187-193	93

2.1.2.4 Dados de caraterização espetral dos compostos sintetizados 5(a-k)

5-(3-Fenil-acriloil)pirimidina-2,4,6-triona (5a)

Sólido amarelo, M.W.258.23, Rendimento 89 %; m.p. 184-188 °C; Anal. Calcd. Para C13H10N2O4: C 60.47, H 3.09, N 10.84 (%). Encontrado: C 60,45, H 3,05, N 10,87 (%).FT-IR (KBr, cm'^{1}): 1136.11 (C-O), 1612.21 (C=C aromático), 1696.32 (C=O), 3438.52 (N-H); 'H NMR (DMSO- *ddy.* 8 2,51 (2H, s, J= 23,8 trans-CH=CH), 4,16 (1H, s, -CH do anel de pirimidina em C-5), 7,407,93 (5H, m, Ar-H), 10,98 (1H, s, ácido barbitúricoNH), 11.73 (1H, s, ácido barbitúricoNH), ^{13}C NMR (DMSCMO: 8 78,55 (C-5), 116,12 (C-9), 116,73 (C-8), 129,13 (C-13), 130,70 (C-12, C-14), 129,13 (C-11,C-15), 132,38 (C-10), 167,29 (C-2,C-4, C-6, C-7).

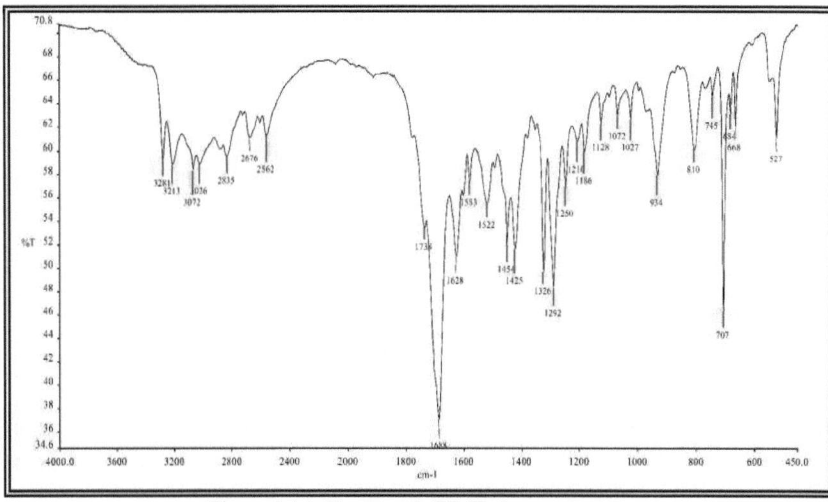

Figura 2.1.3: Espectro de FT-IR do composto 5a

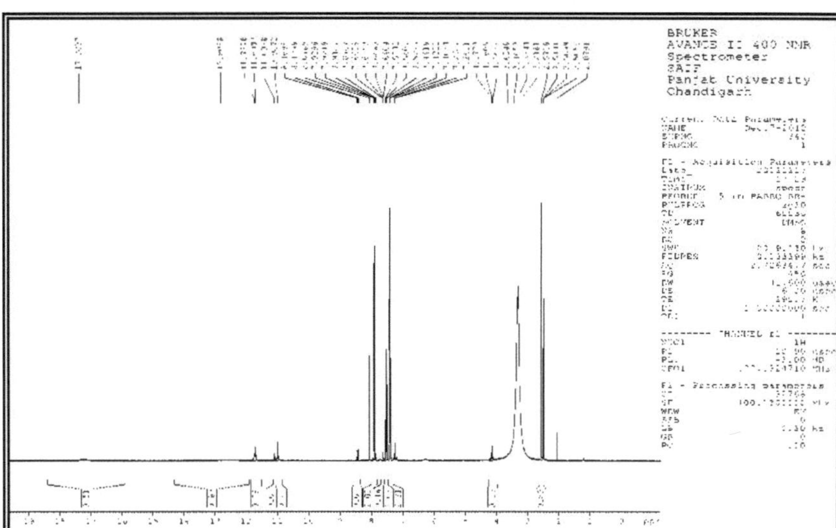

Figura 2.1.4: *Espectro de RMN de H do composto 5a

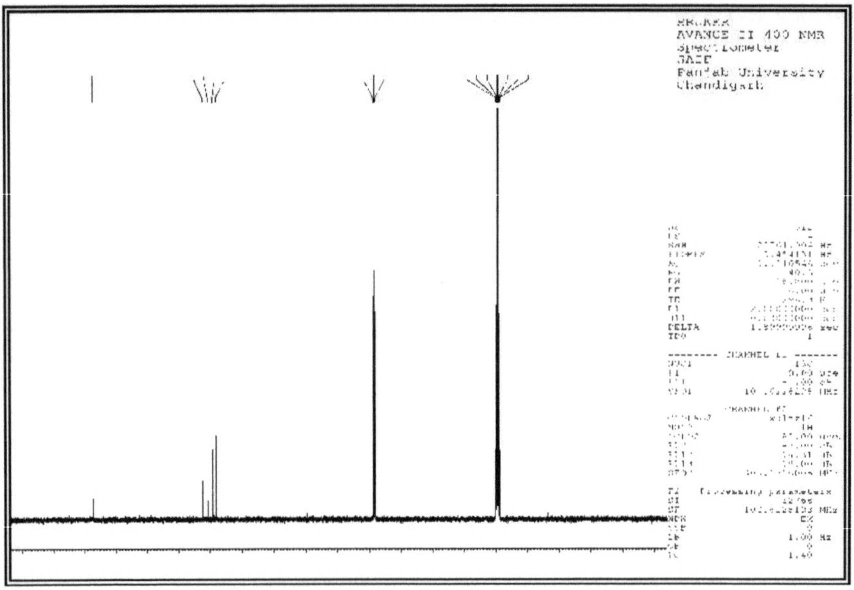

Figura 2.1.5: Espectro de RMN de C do composto 5a

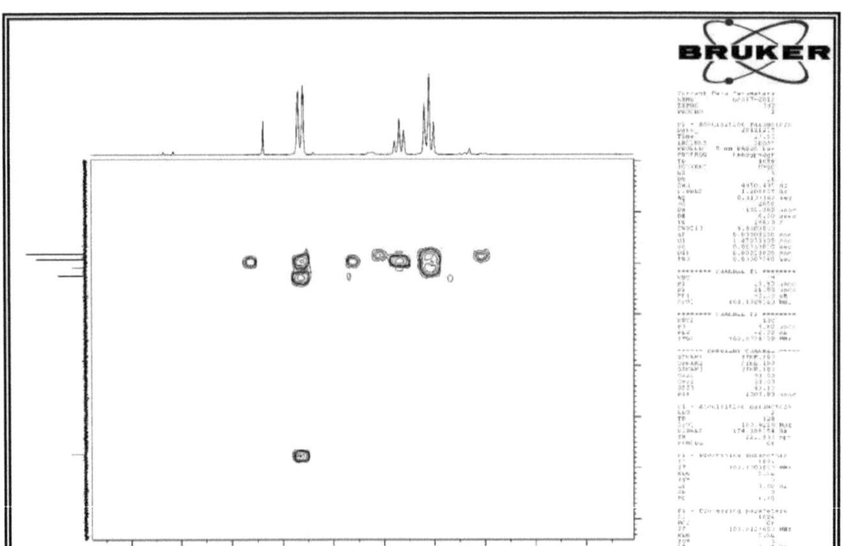

Figura 2.1.6: Espectro HMBC do composto 5a

5-[3-(2-hidroxifenil)-acriloil]pirimidina-2,4,6-triona (5b)

Sólido castanho, M.W.274.22, rendimento 81 %; m.p. 293-296 °C; 'H NMR (DMSO-J_6): 5 2,58 (2H, s, J = 28, trans-CH=CH), 4,22 (1H, s,-CH do anel de pirimidina em C-5), 6,52-7,97 (4H, m, Arif), 10,61 (1H, s, ácido barbitúrico NH), 10,85 (1H, s, ácido barbitúrico NH) 6,52 (1H, s, o- Ar- OH); ^{13}C NMR (DMSO-rf$_6$): 5 77 (C-5), 116,56 (C-9), 117,16 (C-8), 123,28 (C-13, C-14), 127,29 (C-12, C-15), 130,71 (C-ll), 132,91 (C-10) 156,23 (C-7), 167,08 (C-4, C-6), 169,52 (C-2); FT-IR (KBr, cm^{1}): 1138.21 (C-O), 1614.24 (C=C aromático), 1698.32 (C=O), 3437.23 (N-H); Anal. Calcd. Para C13H10N2O5: C 56,94, H 3,68, N 10,22 (%). Encontrado (%): 56.91, H 3.65, N 10.25 (%).

5-[3-(4-Hidroxifenil)-acriloil]pirimidina-2,4,6-triona (5c)

Sólido amarelo, M.W. 274.22, rendimento 79 %; m.p. 206-210 °C; 'H NMR (DMSO-J$_6$): 5 2,61 (2H, s, J = 20, trans-CH=CH), 4,19 (1H, s,-CH do anel de pirimidina em C-5), 6,67-7,68 (2H, dd, Arif), 10,55 (1H, s, ácido barbitúrico NH), 10,69 (1H, s, ácido barbitúrico NH) 6,67 (1H, s, p- Ar- OH); ^{13}C NMR (DMSO-^): 5 79 (C-5), 114,08 (C-9), 115,81 (C-8), 120,92 (C-13), 125,61 (C-12, C-14), 128,66 (C-ll, C-15), 132,17 (C-10), 158,52 (C-7), 164,67 (C-4, C-6), 167,35 (C-2); FT-IR (KBr, cm'^{1}): 1140.24 (C-O), 1616.07 (C=C aromático), 1697.19 (C=O), 3437.45 (N-H); Anal. Calcd. Para $C_{13}HIO N_2 0_5$: C 56,94, H 3,68, N 10,22 (%). Encontrado: 56,97, H 3,72, N 10,24 (%).

5-[3-(3-Metoxi-fenil)-acriloil]pirimidina-2,4,6-triona (5d)

Sólido amarelo, M.W.288.66, rendimento 83 %; m.p. 228-233 °C; *H NMR (DMSO4): 8 2,62 (2H, *s,J*= 12, trans-CH=CH), 4,20 (1H, s,-CH do anel pirimidínico em C-5), 3,09 (3H, s, m-OCHj), 6,67-7,77 (2H, dd, Ar-H), 10,62 (1H, s, ácido barbitúrico NH), 10,79 (1H, s, ácido barbitúrico NH); RMN ^{13}C (DMSO-c/$_6$): 8 57,87 (C-18), 77,54 (C-5), 114,63 (C-9), 115,78 (C-8), 123,58 (C-ll, C-15), 128,12 (C-12, C-14), 130,13 (C-10, C-13), 156,84 (C-7), 163,43 (C-4, C-6), 168,32 (C-2); FT-IR (KBr, cm'^{1}): 1136.78 (C-O), 1613.24 (C=C aromático), 1698.87 (C=O), 3439.33 (N-H); Anal. Calcd. Para C14H12N2O5: C 58,33, H 4,20, N 9,72 (%).Encontrado: C 58.31, H 4.23, N 9.75 (%).

5-[3-(3,4-Dimetoxi-fenil)-acriloil]pirimidina-4,6-triona (5e)

Sólido amarelo, M.W. 318.28, Rendimento 83%; m.p. 191-196°C; *H NMR (DMSO-d$_6$): 8 2,57 (2H, *s,J = 24,* trans-CH=CH), 4,24 (1H, s,-CH do anel pirimidínico em C-5), 2,98 (3H, s, m-OCHs), 3,09 (3H, s, P-OCH3), 6,67-7,79 (2H, dd, Ar-H), 10,68 (1H, s, ácido barbitúrico NH), 10,89 (1H, s, ácido barbitúrico NH); ^{13}C RMN (DMSO-d$_6$): 5 57,36 (C-18, C-17) 76,23 (C-5), 113,96 (C-9), 115,17 (C-8), 123,55 (C-ll, C-15), 128,78 (C-12, C-14), 130,87 (C-10, C-13), 157,32 (C-7), 161,69 (C-4, C-5), 168,56 (C-2); FT-IR (KBr, cm^{1}): 1138.58 (C-O), 1615.17 (C=C aromático), 1699.47 (C=O), 3436.56 (N-H); Anal. Calcd. $C_{15}H_{14}N2O_6$: C 56,60, H 4,43, N 8,80 (%). Encontrado: C 56.58, H 4.26, N 8.82 (%).

5-[3-(2-Clorofenil)-acriloil]pirimidina-2,4,6-triona (5f)

Sólido amarelo, M.W. 292,67, rendimento 69 %; m.p. 237-242 °C; 'H NMR (DMSO-J$_6$): 8 2,59 (2H, s, J= 28, trans-CH=CH), 4,25 (1H, s,-CH do anel pirimidínico em C-5), 6,59-7,94 (2H, m, Arif), 10,62 (1H, s, ácido barbitúrico NH), 10,81 (1H, s, ácido barbitúrico NH); ^{13}C RMN (DMSO- *d$_6$y* 8 75.31 (C-5), 114,67 (C-9), 115,37 (C-8), 123,28 (C-13, C-14), 127,19 (C-12, C-15), 128,89 (C-ll), 130,84 (C-10) 156,32 (C-7), 161,68 (C-4, C-6), 167,28 (C-2); FT-IR (KBr, cm^{1}): 764.13 (C-Cl), 1137.69 (C-O), 1620.23 (C=C aromático), 1701.51 (C=O), 3434.32 (N- H); Anal. Calcd. C13H9CIN2O4: C 53,35, H 3,10, N 9,57 (%).Encontrado: C 53.38, H 3.13, N 9.55 (%).

5-[3-(4-Clorofenil)-acriloil]pirimidina-2,4,6-triona (5g)

Sólido amarelo, M.W. 292,67, rendimento 80%; m.p. 258-263 °C; *H NMR (DMSO4): 8 2,56 (2H, *s, J* = 28, trans-CH=CH), 4,23 (1H, s,-CH_do anel pirimidina em C-5), 6,71-7,24 (2H, dd, Aril), 10,65 (1H, s, ácido barbitúrico NH), 10,77 (1H, s, ácido barbitúrico NH); RMN ^{13}C (DMSO- *d$_6$): 8* 77,72 (C-5), 112,78 (C-9), 114,07 (C-8), 123,02 (C-13), 127,30 (C-14, C-15), 128,86 (C-ll, C-12), 131,52 (C-10) 156,02 (C-7), 163,07 (C-4, C-6), 167,57 (C-2); FT-IR (KBr, cm' '): 766.23 (C-Cl), 1139.45 (C-O), 1621.61 (C=C aromático), 1700.22 (C=O), 3438 (N-H); Anal. Calcd. C13H9CIN2O4: C 53,35, H 3,13, N 9,57 (%). Encontrado (%): C 53.33, H 3.10, N 9.58 (%).

5-[3-(3-Nitro-fenil)-acriloil]pirimidina-2,4,6-triona (5h)

Sólido amarelo, M.W. 303.23, Rendimento 78 %; m.p. 203-208 °C; *H NMR (DMSO4): 8 2,57 (2H, *s, J*

= 40, trans-CH=CH), 4,24 (1H, s,-CH_do anel pirimidínico em C-5), 6,92-8,07 (4H, m, Aril), 10,68 (1H, s, ácido barbitúrico NH), 10,75 (1H, s, ácido barbitúrico NH); RMN [13]C (DMSO- d_6y 8 77.32 (C-7), 114,24 (C-9), 114,83 (C-8), 122,09 (C-13), 125,37 (C-12, C-14), 129,53 (C-ll, C-15), 132,82 (C-10) 156,32 (C-7), 162,05 (C-4, C-6), 168,41 (C-2); FT-IR (KBr, cm' *): 1139,31 (C-NO2), 1351 (C-NO_2), 1617 (C=C aromático), 1700 (C=O), 3436 (N-H); Anal. Calcd. $Ci3H_9N_3O_6$: C 51,49, H 2,99, N 13,86 (%).Encontrado: C 51,46, H 2,97, N 13,89 (%).

5-[3-(4-Nitro-fenil)-acriloil]pirimidina-2,4,6-triona (5i)

Sólido laranja, M.W. 303.23, Rendimento 71 %; m.p. 209-213 "C; 'H NMR (DMSO-^): 5 2,59 (2H, s, J= 8, trans-CH=CH), 4,27 (1H, s,-CH do anel de pirimidina em C-5), 6,76-8,14 (2H, dd, Aril), 10,66 (1H, s, ácido barbitúrico NH), 10,75 (1H, s, ácido barbitúrico NH); ^{13}C NMR (DMSO- d_6y 5 76.03 (C-7), 114,06 (C-9), 115,81 (C-8), 122,26 (C-13), 125,33 (C-12, C-14), 128,81 (C-ll, C-15), 132,81 (C-10) 157,33 (C-7), 162,54 (C-4, C-6), 168,54 (C-2); FT-IR (KBr, cm' ^: 1142.13 (C-O), 1355.12 (C-NO_2), 1618 (C=C aromático), 1698.56 (C=O), 3437 (N-H); Anal. Calcd. C13H9N3O6: C 51,49, H 2,99, N 13,86 (%). Encontrado: C 51.48, H 2.96, N 13.87 (%).

5-(3-p-tolilacriloil)pirimidina-2,4,6(lH,3H,5H)-triona (5j)

Sólido amarelo, M.W. 272.25, rendimento 87%; m.p. 182-187 °C; 'H NMR (DMSO-J_6): 8 2,61 (2H, s, J = 16, trans-CH=CH), 2,85 (s, 3H, -CH_3), 4,22 (1H, s,-CH do anel pirimidínico em C-5), 6,75-8,14 (2H, dd, Ar-H), 10,66 (1H, s, ácido barbitúrico NH), 10,72 (1H, s, ácido barbitúrico NH); RMN [13]C (DMSO-cZ_6): 8 77,37 (C-5), 112,58 (C-9), 113,16 (C-8), 122,08 (C-13), 127,40 (C-12, C-14), 128,17 (C-ll, C-15), 133,02 (C-10), 157,56 (C-7), 167,52 (C-4, C-6), 168,64 (C-2); FT-IR (KBr, cm'[1]): 1137 (C-O), 1614 (C=C aromático), 1695 (C=O), 3443 (N- H); Anal. Calcd. C14H12N2O4): C 61,74, H 4,44, N 10,29 (%). Encontrado: C 61.74, H 4.46, N 10.31 (%).

5-(3-Naphthalen-2-yl-acryloyl)pyrimidine-2,4,6-trione (5k)

Sólido amarelo, M.W. 308,29, rendimento 93 %; m.p. 187-193 °C; *H NMR (DMSO-^): 8 2,59 (2H, *s, J* = 32, trans-CH=CH), 4,24 (1H, s,-CH do anel pirimidínico em C-5), 6,68-7,71 (7H, m, Aril), 10,62 (1H, s, ácido barbitúrico NH), 10.78 (1H, s, ácido barbitúrico NH); ^{13}C RMN (DMSO- d_6y 8 77,39 (C-5), 113,58 (C-9), 113,37 (C-8), 121,05-134,52 (C do anel naftaleína), 156,13 (C-7), 164,73 (C-4, C-6), 169,54 (C-2); FT-IR (KBr, cm'[1]): 1141 (C-O), 1619.32 (C=C aromático), 1698 12 (C=O), 3439 (N-H); Anal. Calcd. C17H12N2O4: C 66,23, H 3,92, N 9,09 (%). Encontrado: C 66.25, H 3.95, N 9.11 (%).

2.1.3 Resultados e discussão

As estruturas dos compostos sintetizados foram confirmadas por dados espectrais e análise elementar e estavam em total concordância com as estruturas propostas. Os espectros FT-IR dos compostos **5 (a-k)** revelaram bandas caraterísticas entre 3010 cm'[1] e 3085 cm'[(1), confirmando] a presença do grupo C=Q. Além disso, nos espectros de FT-IR, as bandas entre 1682-1697 cm"[1] confirmam a presença do grupo *(C=O)*. Além disso, a banda caraterística do composto **5a** indica um pico a 1512 cm"[1] que mostra uma *ligação H* parcial entre o átomo H do átomo de carbono olefínico e o átomo O do anel de pirimidina. Os dados de *H NMR dos derivados de caicone mostram sinais entre 6,48 - 7,67 5 ppm para protões aromáticos correspondentes ao anel fenilo.

Os dados de ^{1}H NMR dos compostos revelam sinais entre 7,08-11,73 8 ppm para *-NH* do anel pirimidina. A RMN de H dos compostos ácido 5-acetil-barbitúrico e respectivas chaiconas prova que, quando as chaiconas se formam, os protões *-NH* do anel pirimidina deslocam-se para o campo ascendente. O estudo tautomérico é importante para outras áreas da química.

O sinal de ^ RMN entre 12,34-17,36 8 ppm indica a presença de protões do grupo *-OH*, o que confirma a formação de uma mistura tautomérica, mas em pequena quantidade [20]. Os tautómeros não só têm cores diferentes, como também têm diferentes forças tintoriais e diferentes propriedades. As chalconas **5 (a-k)** podem existir em seis formas tautoméricas possíveis, nomeadamente **Tl, T2, T3, T4, T5** e **T6**, como se mostra no Esquema 2.1.2.

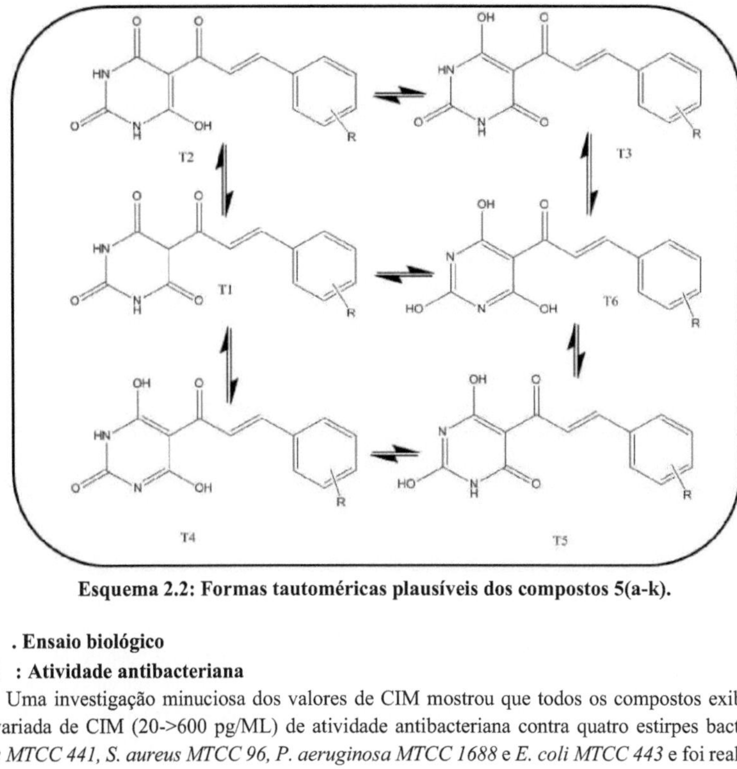

Esquema 2.2: Formas tautoméricas plausíveis dos compostos 5(a-k).

2.1.4 . Ensaio biológico

2.1.4.1 : Atividade antibacteriana

Uma investigação minuciosa dos valores de CIM mostrou que todos os compostos exibiram uma gama variada de CIM (20->600 pg/ML) de atividade antibacteriana contra quatro estirpes bacterianas *B. Subtilis MTCC 441, S. aureus MTCC 96, P. aeruginosa MTCC 1688* e *E. coli MTCC 443* e foi realizada uma relação estrutura-atividade [21-23],

2.1.4.2 Relação estrutura-atividade para *Bacillus Subtilis* como estirpe bacteriana.

A CIM em pg/mL e a Zona de inibição em mm para *B. subtilis* são apresentadas na tabela 2.1.1. Com base nos seguintes dados, foi efectuada a relação estrutura-atividade.

Tabela 2.1.1: Valores de CIM e Zona de inibição de chaicones à base de ácido barbitúrico relativamente a *Bacillus Subtilis.*

Bacillus Subtilis

Compound Code	Zone of Inhibition (mm)								MIC (µg/ml)
	DMSO	20	40	60	100	150	300	600	
5a	10	10	10	10	10	10	10	11	600
5b	10	10	10	10	11	12	12	14	100
5c	10	10	10	10	10	10	10	11	600
5d	10	11	12	12	13	14	16	18	20
5e	10	10	10	10	10	10	10	11	600

5f	10	10	10	10	10	10	10	10	>600
5g	10	10	10	10	10	10	10	10	>600
5h	10	10	10	10	10	10	10	10	>600
5i	10	10	10	11	12	12	13	16	60
5j	10	10	10	10	11	12	13	15	100
5k	10	10	10	10	10	10	10	10	>600
Ciprofloxacine	-	-	-	-	-	-	-	-	05

O composto **5a**, sem qualquer substituinte na posição *orto, meta* e *para* do anel arilo ligado como HC=HC do motivo da caicone, apresenta uma CIM de 600 pg/mL (concentração mínima de inibição). No caso do composto **5b**, que tem um grupo hidroxilo na posição *orto* do anel arilo no motivo da caicone, a CIM é de 100 pg/mL devido à natureza de libertação de electrões do grupo hidroxi. O composto **5c**, que tem um grupo hidroxilo na *posição* para do anel arilo no motivo da caicone, apresenta uma CIM de 600 pg/mL. Um composto muito interessante para a caicone, o composto **5d**, que tem um grupo metoxi doador de electrões na posição *para* do anel arilo no motivo da caicone, apresenta uma CIM de 20 pg/mL. Por outro lado, o composto **5e**, que tem dois grupos metoxi doadores de electrões na *posição meta* e *para* do anel arilo no motivo da caicone, apresenta uma CIM de 600 pg/mL devido ao facto de mais um grupo metoxi na posição meta aumentar o impedimento esteárico e reduzir a CIM. No caso do composto 5f, que tem um substituinte cloro que retira electrões na posição *orto* do anel arilo no motivo da caicone, apresenta uma CIM >600 pg/mL, enquanto que o composto **5g**, que tem um substituinte cloro que retira electrões na posição *para* do anel arilo no motivo da caicone, apresenta uma CIM >600 pg/mL devido à natureza de retirada de electrões do grupo cloro na posição para, o que aumenta a intensidade da CIM. No caso do composto **5h**, que tem um forte substituinte nitro que retira os electrões na posição *meta* do anel arilo no motivo da caicone, apresenta uma CIM >600 pg/mL, enquanto que o composto **5i**, que tem um forte substituinte nitro que retira os electrões na posição *para* do anel arilo no motivo da caicone, apresenta uma CIM de 60 pg/mL devido à natureza de retirada de electrões do grupo nitro na posição *para,* que interage facilmente com o grupo funcional da estirpe. No caso do composto 5j, que tem um forte substituinte metilo doador de electrões na posição *para* do anel arilo no motivo da caicone, apresenta uma CIM de 100 pg/mL devido à natureza de libertação de electrões do grupo metilo na posição *para.* No composto 5k, o anel naftaleno semelhante a **5a**, onde o anel fenilo ligado como HC=HC do motivo da caicone apresenta uma CIM >600 pg/mL. Assim, a partir dos valores da CIM, provou-se que o substituinte na posição *para* é responsável pelo *Bacillus Subtilis* como estirpe bacteriana no caso das chaicones à base de ácido barbitúrico em relação à ciprofloxacina como medicamento padrão.

2.1.4.2 Relação estrutura-atividade para *Staphylococcus aureus* como estirpe bacteriana.

A CIM em pg/mL e a Zona de inibição em mm para *S. aureus* são apresentadas na tabela 2.1.2. Com base nos seguintes dados, foi efectuada a relação estrutura-atividade.

Tabela 2.1.2: Valores de CIM e Zona de inibição de chaicones à base de ácido barbitúrico relativamente a *Staphylococcus aureus* MTCC96.

Staphylococcus Aureus									
Compounds	**Zone of Inhibition (mm)**								**MIC**
Code	**DMSO**	**20**	**40**	**60**	**100**	**150**	**300**	**600**	**(μg/ml)**
5a	10	10	10	10	10	10	10	10	>600

5b	10	10	10	10	10	10	10	11	600
5c	10	10	10	10	10	10	10	10	>600
5d	10	10	10	10	10	10	11	11	300
5e	10	10	10	10	10	10	10	10	>600
5f	10	10	10	10	10	10	10	10	>600
5g	10	10	10	10	10	10	10	10	>600
5h	10	10	10	10	10	10	10	11	600
5i	10	10	10	10	10	10	10	11	600
5j	10	10	10	10	10	10	10	10	>600
5k	10	10	10	10	10	10	10	10	>600
Ciprofloxacine	-	-	-	-	-	-	-	-	10

O composto **5a**, sem qualquer substituinte na posição *orto, meta* e *para* do anel arilo ligado como HC=HC do motivo da caicone, apresenta uma CIM= >600 pg/mL (concentração mínima de inibição). No caso do composto 5b, que tem um grupo hidroxilo na posição *orto* do anel arilo no motivo da caicone, a CIM é de 600 pg/mL devido à natureza de libertação de electrões do grupo hidroxi. O composto **5c**, que tem o grupo hidroxilo na *posição* para do anel arilo no motivo da caicone, apresenta MIC= >600 pg/mL. Um composto muito interessante para a caicone, o composto **5d**, que tem um grupo metoxi doador de electrões na posição *para* do anel arilo no motivo da caicone, apresenta uma CMI=300 pg/mL. Por outro lado, o composto **5e**, que tem dois grupos metoxi doadores de electrões na *posição meta* e *para* do anel arilo no motivo da caicone, apresenta uma CIM= >600 pg/mL devido ao facto de mais um grupo metoxi na posição meta aumentar o impedimento esteárico e reduzir a CIM. No caso do composto **5f**, que tem um substituinte cloro que retira os electrões na posição *orto* do anel arilo no motivo da caicone, o MIC= >600 pg/mL, enquanto o composto **5g**, que tem um substituinte cloro que retira os electrões na posição *para* do anel arilo no motivo da caicone, o MIC= >600 pg/mL, devido à natureza de retirada de electrões do grupo cloro na posição para, apresenta uma intensidade no MIC. No caso do composto **5h**, que tem um forte substituinte nitro que retira os electrões na posição *meta* do anel arilo no motivo da caicone, o MIC=600 pg/mL, enquanto que o composto **5i**, que tem um forte substituinte nitro que retira os electrões na posição *para* do anel arilo no motivo da caicone, apresenta MIC =600 pg/mL devido à natureza de retirada de electrões do grupo nitro na posição *para,* que interage facilmente com o grupo funcional da estirpe. No caso do composto **5j**, que tem um forte substituinte metil doador de electrões na posição *para* do anel arilo no motivo da caicone, mostra MIC=>600 pg/mL devido à natureza de libertação de electrões do grupo metil na posição *para*. No composto **5k**, o anel de naftaleno semelhante a **5a**, em que o anel de fenilo ligado como HC=HC do motivo da caicone, apresenta CIM= >600 pg/mL. Assim, a partir dos valores de CIM, provou-se que o substituinte libertador de electrões na posição *para* é responsável por *Staphlococus aureus* como estirpes bacterianas no caso de chaicones à base de ácido barbitúrico em relação à ciprofloxacina como medicamento padrão.

2.1.3.1 Relação estrutura-atividade para *Pseudomonas Aeruginosa* como estirpe bacteriana.

A CIM em pg/mL e a Zona de inibição em mm para *P. aeruginosa* são apresentadas na tabela 2.1.3.

Com base nos seguintes dados, foi efectuada uma relação estrutura-atividade.

Tabela 2.1.3: Valores de CIM e Zona de inibição de chaicones à base de ácido barbitúrico relativamente a Pseudomonas aeruginosa.

Pseudomonas aeruginosa									
Compound	**Zone of Inhibition (mm)**								**MIC**
Code	**DMSO**	**20**	**40**	**60**	**100**	**150**	**300**	**600**	**(µg/ml)**
5a	10	10	10	10	10	10	10	10	>600
5b	10	10	10	10	10	10	10	11	600
5c	10	10	10	10	10	10	10	11	600
5d	10	10	10	10	10	10	10	10	>600
5e	10	10	10	10	10	10	10	10	>600
5f	10	10	10	10	10	10	10	10	>600
5g	10	10	10	10	10	10	10	10	>600
5h	10	10	10	10	10	10	10	11	600
5i	10	10	10	10	10	10	10	11	600
5j	10	10	10	10	10	10	10	10	>600
5k	10	10	10	10	10	10	10	10	>600
Ciprofloxacine	-	-	-	-	-	-	-	-	20

O composto **5a**, sem qualquer substituinte na posição *orto, meta* e *para* do anel arilo ligado como HC=HC do motivo da caicone, apresenta uma CIM=>600 pg/mL (concentração mínima de inibição). No caso do composto **5b**, que tem um grupo hidroxilo na posição *orto* do anel arilo no motivo da caicone, apresenta uma CIM=600 pg/mL devido à natureza de libertação de electrões do grupo hidroxi. O composto **5c**, que tem o grupo hidroxilo na *posição* para do anel arilo no motivo da caicone, apresenta MIC=600 pg/mL. Um composto muito interessante para a caicone, o composto **5d**, que tem um grupo metoxi doador de electrões na posição *para* do anel arilo no motivo da caicone, apresenta MIC=>600 pg/mL. Por outro lado, o composto **5e**, que tem dois grupos metoxi doadores de electrões nas posições *meta* e *para* do anel arilo no motivo da caicone, apresenta uma CIM=>600 pg/mL devido ao facto de mais um grupo metoxi na posição meta aumentar o impedimento esteárico e reduzir a CIM. No caso do composto **5f**, que tem um substituinte cloro que retira electrões na posição *orto* do anel arilo no motivo da caicone, apresenta uma CIM=>600 pg/mL, enquanto o composto **5g**, que tem um substituinte cloro que retira electrões na posição *para* do anel arilo no motivo da caicone, apresenta uma CIM=>600 pg/mL devido à natureza de retirada de electrões do grupo cloro na posição para, o que aumenta a intensidade da CIM. No caso do composto **5h**, que tem um forte substituinte nitro que retira os electrões na posição *meta* do anel arilo no motivo da caicone, apresenta uma CIM=600 pg/mL, enquanto o composto **5i**, que tem um forte substituinte nitro que retira os electrões na posição *para* do anel arilo no motivo da caicone, apresenta uma CIM de 600 pg/mL devido à natureza de retirada de electrões do grupo nitro na posição *para,* que interage facilmente com o grupo funcional da estirpe. No caso do composto **5j**, que tem um forte substituinte metilo doador de electrões na posição *para* do anel arilo no motivo da caicone, apresenta uma CIM =>600 pg/mL devido à natureza de libertação de electrões do grupo metilo na posição *para.* No composto **5k**, o anel de naftaleno semelhante a **5a**, onde o anel fenilo está ligado como HC=HC do motivo da caicone, apresenta CIM =>600 pg/mL. Assim, a partir dos valores de CIM, ficou provado que o substituinte doador e retirador de electrões nas posições orto e *para,* bem como o substituinte retirador de electrões na posição meta, são responsáveis pela Pseudomonas aeriginosa como estirpes bacterianas no caso de chaicones à base de ácido barbitúrico em relação à ciprofloxacina como medicamento padrão.

2.1.3.2 Relação estrutura-atividade para E. coli MTCC como estirpe bacteriana.

A CIM em pg/mL e a Zona de inibição em mm para *E. coli* são apresentadas na tabela 2.1.4. Com base nos seguintes dados, foi efectuada a relação estrutura-atividade.

Tabela 2.1.4: Valores de CIM e Zona de inibição de chaicones à base de ácido barbitúrico relativamente a Escherichia Coli.

Escherichia Coli									
Compound Code	Zone of Inhibition (mm)								MIC (µg/ml)
	DMSO	20	40	60	100	150	300	600	
5a	10	10	10	10	10	10	11	12	300
5b	10	10	10	10	10	10	10	11	600
5c	10	10	10	10	10	10	10	12	600
5d	10	15	17	17	20	21	24	25	20
5e	10	10	10	10	10	10	11	12	300
5f	10	10	10	10	10	10	11	12	300
5g	10	10	10	10	10	10	12	13	300
5h	10	10	10	10	10	10	11	12	300
5i	10	12	12	15	18	19	20	23	20
5j	10	11	11	12	14	17	20	23	20
5k	10	10	10	10	10	10	11	12	300
Ciprofloxacine	-	-	-	-	-	-	-	-	10

O composto **5a**, sem qualquer substituinte na posição *orto, meta* e *para* do anel arilo ligado como HC=HC do motivo da caicone, apresenta uma CIM=300 pg/mL (concentração mínima de inibição). No caso do composto **5b**, que tem um grupo hidroxilo na posição *orto* do anel arilo no motivo da caicone, a CIM é de 600 pg/mL devido à natureza de libertação de electrões do grupo hidroxi. O composto **5c**, que tem um grupo hidroxilo na *posição* para do anel arilo no motivo da caicone, apresenta MIC=600 pg/mL. Um composto muito interessante para a caicone, o composto **5d**, que tem um grupo metoxi doador de electrões na posição *para* do anel arilo no motivo da caicone, apresentou uma CMI=20 pg/mL. Por outro lado, o composto **5e**, que tem dois grupos metoxi doadores de electrões na *posição meta* e *para* do anel arilo no motivo da caicone, apresenta uma CIM=300 pg/mL devido ao facto de mais um grupo metoxi na posição meta aumentar o impedimento esteárico e reduzir a CIM. No caso do composto **5f**, que tem um substituinte cloro que retira os electrões na posição *orto* do anel arilo no motivo da caicone, apresenta uma CIM=300 pg/mL, enquanto o composto **5g**, que tem um substituinte cloro que retira os electrões na posição *para* do anel arilo no motivo da caicone, apresenta uma CIM=300 pg/mL devido à natureza de retirada de electrões do grupo cloro na posição para, o que aumenta a intensidade da CIM. No caso do composto **5h**, que tem um forte substituinte nitro que retira os electrões na posição *meta* do anel arilo no motivo da caicone, o CIM é de 300 pg/mL, enquanto o composto **5i**, que tem um forte substituinte nitro que retira os electrões na posição *para* do anel arilo no motivo da caicone, apresenta um CIM de 20 pg/mL devido à natureza de retirada de electrões do grupo nitro na posição *para,* que interage facilmente com o grupo funcional da estirpe. No caso do composto **5j**, que tem um forte substituinte metil doador de electrões na posição *para* do anel arilo no motivo da caicone, mostra MIC=20 pg/mL devido à natureza de libertação de electrões do grupo metil na posição *para.* No composto **5k**, o anel naftaleno semelhante a **5a**, onde o anel fenilo ligado como HC=HC do motivo da caicone, apresenta uma CIM=300 pg/mL. Assim, a partir dos valores de CIM, ficou provado que o substituinte libertador e retirador de electrões na posição *para* é responsável pela *Escherichia coli* como estirpe bacteriana no caso das chaiconas à base de ácido barbitúrico em relação à ciprofloxacina como medicamento padrão.

2.1.3.3 Relação estrutura-atividade para *Candida Albicans* como estirpe fúngica.

A CIM em pg/mL e a Zona de inibição em mm para *C. albicans* são apresentadas na tabela 2.1.5. Com base nos seguintes dados, foi efectuada a relação estrutura-atividade.

Tabela 2.1.5: Valores de CIM e Zona de inibição de chaicones à base de ácido barbitúrico relativamente a Candida albicans.

Candida Albicans									
Compound	**Zone of Inhibition (mm)**								**MIC**
Code	**SOLVENT**	**20**	**40**	**60**	**100**	**150**	**300**	**600**	**(µg/ml)**
5a	10	10	10	10	10	10	12	14	300
5b	10	10	10	10	10	10	10	11	600
5c	10	10	10	10	10	10	11	13	300
5d	10	10	10	10	10	10	10	13	600
5e	10	10	10	10	10	10	10	12	600
5f	10	10	10	10	10	10	10	11	600
5g	10	10	10	10	10	10	10	11	600
5h	10	10	10	10	10	10	10	12	600
5i	10	10	10	10	10	10	11	12	300
5j	10	10	10	10	10	10	10	11	600
5k	10	10	10	10	10	10	10	10	>600
Flucanazole	-	-	-	-	-	-	-	-	10

O composto **5a**, sem qualquer substituinte na posição *orto, meta* e *para* do anel arilo ligado como HC=HC do motivo da caicone, apresenta uma CIM=300 pg/mL (concentração mínima de inibição). No caso do composto **5b**, que tem um grupo hidroxilo na posição *orto* do anel arilo no motivo da caicone, a CIM é de 600 pg/mL devido à natureza de libertação de electrões do grupo hidroxi. O composto **5c**, que tem um grupo hidroxilo na *posição* para do anel arilo no motivo da caicone, apresenta MIC=600 pg/mL. Um composto muito interessante para a caicone, o composto **5d**, que tem um grupo metoxi doador de electrões na posição *para* do anel arilo no motivo da caicone, apresenta uma CMI=20 pg/mL. Por outro lado, o composto **5e**, que tem dois grupos metoxi doadores de electrões na *posição meta* e *para* do anel arilo no motivo da caicone, apresenta uma CIM=300 pg/mL devido ao facto de mais um grupo metoxi na posição meta aumentar o impedimento esteárico e reduzir a CIM. No caso do composto **5f**, que tem um substituinte cloro que retira electrões na posição *orto* do anel arilo no motivo da caicone, apresenta uma CIM=300 pg/mL, enquanto que o composto **5g**, que tem um substituinte cloro que retira electrões na posição *para* do anel arilo no motivo da caicone, apresenta uma CIM=300 pg/mL devido à natureza de retirada de electrões do grupo cloro na posição para, o que aumenta a intensidade da CIM. No caso do composto **5h**, que tem um forte substituinte nitro que retira os electrões na posição *meta* do anel arilo no motivo da caicone, o MIC=300 pg/mL, enquanto o composto **5i**, que tem um forte substituinte nitro que retira os electrões na posição *para* do anel arilo no motivo da caicone, o MIC=20 pg/mL, devido à natureza de retirada de electrões do grupo nitro na posição *para*, interage facilmente com o grupo funcional da estirpe. No caso do composto **5j**, que tem um forte substituinte metil doador de electrões na posição *para* do anel arilo no motivo da caicone, mostra MIC=20 pg/mL devido à natureza de libertação de electrões do grupo metil na posição *para*. No composto **5k**, o anel naftaleno semelhante a **5a**, onde o anel fenilo ligado como HC=HC do motivo da caicone, apresenta uma CIM=300 pg/mL. Assim, a partir dos valores de CIM, provou-se que os compostos sem qualquer substituinte e os substituintes libertadores e retiradores de electrões na posição *para* são responsáveis pela *Candida albicans* como estirpes fúngicas no caso das chaiconas à base de ácido barbitúrico em relação ao Flucanazol como medicamento padrão.

2.2. Conclusão

A presente investigação revelou que as chaiconas à base de 5-acetil pirimidina-2, 4, 6-(lH, 3H, 5H)-triona são potenciais pistas para o desenvolvimento de novos fármacos. Também podemos concluir a partir do resultado da atividade antibacteriana das moléculas de chaicone à base de ácido barbitúrico **5d, 5i** e **5j** que contêm grupos doadores ou retiradores de electrões, tais como metoxi, metilo e nitro na posição para, apresentaram uma atividade comparável no caso da Pseudomonas aeruginosa como estirpe bacteriana gram-negativa. O estudo antimicrobiano dos compostos sintetizados permitiu-nos afirmar que a variação da atividade antimicrobiana pode estar associada à natureza das estirpes bacterianas e fúngicas testadas e ao substituinte no anel fenílico na porção de caicone. Os resultados abrem caminho para a investigação de novos compostos potenciais para a investigação da atividade antimicrobiana. A presente investigação revelou que os compostos de chaicone podem ser potenciais líderes para o desenvolvimento de novos agentes antibacterianos e antifúngicos. A presente investigação revelou que as chaiconas à base de ácido 5-acetil-barbitúrico e de ácido tiobarbitúrico são potenciais condutores para o desenvolvimento de novas entidades biológicas.

2.3. Referências:

1. Basavaraja H.S., Jayadevaiah K.V., Mumtaz M.H., Vijay Kumar M.M.J. Basavaraj P.; J Pharm Sci Res. 2,5-12, **2010.**
2. Holy A., Votruba I., Masojidkova M., Andrei G., Snoeck R., Naesens L., De Clercq E., Balzarini I; J Med Chem. 45,1918-1929, **2002.**
3. Andres P., Marhold A.; J Fluor Chem. 77, 93-95, **1996.**
4. Reddick J.J., Saha S., Lee J., Melnick J.S., Perkins J., Begley T.P.; Bioorg Med Chem Lett 11,2245-2248, **2001.**
5. Kashman Y., Hirsh S., McConnell O.J., Ohtani L, Kusumi T., Kakisawa H.; J Am Chem Soc. Ill, 8925-8926, **1989.**
6. Omar A. E. F., Eman M.H.A., Neama, A.M., Sherien I. A. E., Aus J. of Basic and App Sci. 4, 1, 27-36, **2010.**
7. Nace Z., Danijel K.; Ata Chim Slov. 58, 151-157, **2011.**
8. Nowakowska Z., Eur J Med Chem. 42,125-137, **2007.**
9. Lee S.H., Seo G.S., Kim J.Y., Jin X.Y., Kim H.D., Sohn D.H.; Eur J Pharmacol 532, 178186, **2006.**
10. Tomar V., Bhattacharjee G., Kamaluddina K. A.; Bioorg Med Chem Lett. 17, 53215324, **2007.**
11. Lopez S.N., Castelli M.V., Zacchino S.A., Domfnguez J.N., Lobo G., Charris-Charris J., Cortes J.C., Ribas J.C., Devia C., Rodriguez A.M., Enriz R.D.; Bioorg Med Chem. 9,19992013,2001.
12. Anto R.J., Sukumaran K., Kuttana G., Rao M.N.A., Subbaraju V., Kuttana R.; Cancer Lett. 97, 33-37,**1995.**

13. Lui M.P., Wilairat S.L., Croft L.C., Tan A., Go M.L.; Bioorg Med Chem 11:2729-2738, **2003.**
14. Yi X., Zheng-Yu Y., Peng X., Kenneth F.B., Yuka N., Kuo-Hsiung L.; Bioorg Med Chem Lett. 10, 699-701, **2000.**
15. Hsu Y.L., Kuo P.L., Tzeng W.S., Lin C.C.; Food Chem Toxicol. 44, 704-713, 2006.
16. Siddiqui Z.N., Musthafa T.N., Ahmad A., Khan A.U.; Bioorg Med Chem Lett. 15, 28602865, **2011.**
17. Jacobson; Patente dos EUA 2,090,594 [C. A. 31, 7068], **1937.**
18. Branko S.J., Donna M.N.; Tetrahedron Lett. 42, 8435-8439, **2001.**
19. Dholakiya B.Z., Patel J.R.; Der Pharma Chemica, 3, (1) 458-466, 2011.
20. Silverstein R.M., Webster F.X., Spectrometric identification of organic compounds, 6th edn. Wiley, Nova Iorque, pp 79-223, 1997.
21. Alzoreky N.S., Nakahara K.; Int J Food Microbiol 80:223-230, 2003.
22. Bauer A.W., Kirby W.M., Sherris J.C., Turek M.; Am J Clin Pathol. 45, 493-496,**1966.**
23. Rios JL, Recio MC, Villar A.; J Ethnopharmacol. 23, 127-149, **1988.**

CAPÍTULO 3

Síntese, Caracterização e Bioensaio de Chaicone à base de ácido tiobarbitúrico

Este capítulo aborda a síntese, caraterização e avaliação antimicrobiana de chaicones à base de ácido tiobarbitúrico.

3.0 Introdução

A série de análogos de chaicone (cetona a/p-insaturada) à base de ácido tiobarbitúrico foi sintetizada através de um protocolo sintético simples e eficiente. As estruturas dos compostos foram elucidadas com a ajuda de IR, *H NMR, ^{13}C NMR, espetroscopia HMBC e análise elementar. Os análogos mais recentes foram examinados quanto à sua eficácia biológica *in vitro* contra bactérias gram positivas, bactérias gram negativas e fungos para derivados de chaicone à base de ácido barbitúrico e ácido tiobarbitúrico, utilizando o teste de difusão em disco de papel (para a zona de inibição) e o método de diluição em série de ágar (para a concentração inibitória mínima). Os resultados preliminares indicaram que os novos produtos são potenciais compostos líderes que exibem excelentes actividades farmacológicas para o futuro processo de descoberta de medicamentos. Os resultados do bioensaio revelaram que a maioria dos análogos finais exibiu potenciais ineficácias com um nível notável de CIM. No presente estudo, foi investigado o efeito de vários substituintes retiradores/doadores de electrões no anel fenílico da fração de chaicone nos perfis de atividade. Apesar do rápido progresso da ciência, o tratamento de doenças infecciosas continua a ser um problema grave que preocupa a comunidade científica, principalmente devido à vasta gama de factores que levam ao aparecimento destas doenças e também ao aumento do número de microrganismos patogénicos com resistência a múltiplos fármacos. Com a proliferação de estirpes microbianas multirresistentes, a necessidade de uma terapia eficaz estimulou a investigação sobre a síntese de novas moléculas antimicrobianas. [1] A importância medicinal dos derivados da pirimidina, como o ácido barbitúrico e o ácido tiobarbitúrico, desempenha um papel vital entre os vários compostos heterocíclicos devido à sua atividade antineoplásica [2], antiviral [3], antibiótica [4] e anti-inflamatória [2]. O sistema de anéis de pirimidina está presente em vários compostos naturais, como ácidos nucleicos, vitaminas, coenzimas, ácido úrico, purinas, alguns microrganismos marinhos, por exemplo, *esponjas* [5]. Muitos fármacos sintéticos (por exemplo, derivados *do ácido barbitúrico e tiobarbitúrico)* e agentes quimioterapêuticos (por exemplo, *sulfadiazina*) [6]. A atividade biológica diversificada e a cobertura de um amplo espaço químico tornam os derivados do ácido barbitúrico e tiobarbitúrico excelentes compostos-alvo para os químicos orgânicos e medicinais. Devido à sua disponibilidade imediata e às várias possibilidades de finalização, os ácidos barbitúrico e tiobarbitúrico de origem são materiais de partida convenientes para a preparação de diferentes heterociclos fundidos e a pesquisa bibliográfica também atribui que os derivados 5-substituídos são compostos farmacologicamente activos [7]. As chaiconas e os seus derivados são uma estrutura molecular atractiva para a procura de novas moléculas biologicamente activas [8], as chaiconas ou 1, 3-diaril-2-propen-l-onas são compostos naturais ou sintéticos pertencentes à família dos flavonóides [9], os análogos das chaiconas são muito versáteis como compostos fisiologicamente activos e substratos para a avaliação de várias sínteses orgânicas. Foi relatado que as chaiconas possuem muitas propriedades úteis, incluindo actividades anti-inflamatórias [10], antimicrobianas [11], antifúngicas [12], antioxidantes [13], antimaláricas [14] e anticancerígenas [15, 16]. Os heterociclos desempenham um papel importante em todas as esferas da vida, incluindo produtos farmacêuticos, recursos naturais, veterinária, reagentes analíticos, produtos agrícolas e corantes. O desenvolvimento de novas abordagens para a síntese de novos heterociclos substituídos por grupos funcionais únicos constitui a base de uma extensa atividade de investigação em química orgânica sintética. Tendo em conta a importância valiosa de diferentes heterociclos discutidos no capítulo 1, fomos levados a sintetizar andaimes de caicone como agentes biologicamente activos. Afirmámos anteriormente que os avanços nos cuidados médicos estão seriamente ameaçados por várias doenças e estes factos sublinham ainda mais a necessidade urgente de encontrar novos compostos eficazes e seguros para manter e melhorar a gestão e a prevenção de tais doenças numa nova era de controlo intensivo, eliminação e erradicação de doenças. A conceção de inibidores que possam acomodar a potência de múltiplos alvos biológicos continua a ser um esforço científico intrigante. Na conceção de novos compostos, o desenvolvimento de moléculas híbridas através da combinação de diferentes farmacóforos numa estrutura pode levar a um aumento da atividade antimicrobiana. Esta abordagem para fundir tais farmacóforos pode oferecer importantes realizações médicas para minimizar a probabilidade de formação de resistência e, para cumprir a tarefa desejada, o trabalho foi racionalizado para construir uma estrutura que conferisse múltiplas actividades biológicas em alvos biológicos específicos. A pesquisa bibliográfica revelou que os análogos de flavonóides, os derivados de pirimidina, o ácido barbitúrico e o ácido tiobarbitúrico são parte importante da química medicinal num programa de descoberta de fármacos. Assim, este capítulo inclui a pesquisa bibliográfica sobre a importância biológica do ácido barbitúrico e do ácido tiobarbitúrico substituídos na posição *C-5* através de (-COCH=CH-) com análogos de fenil motief substituídos e não substituídos. Tendo em conta a importância biológica destes farmacóforos, fomos orientados para enquadrar estas moléculas num único andaime molecular para serem analisadas quanto às suas bioactividades *in vitro.* Este capítulo abrange duas secções, como indicado abaixo.

3.1: Síntese, caraterização e bioensaio de derivados de chaicone à base de ácido tiobarbitúrico.

3.1.1 Experimental

Esta secção trata da síntese de novos análogos de caicone à base de 5-acetil-2-tioxo-dihidro-pirimidina-4,6-diona, que contêm um anel fenil através de uma ligação -COCH=CH-. A 2-tióxi-dihidro-pirimidina-4,6-diona foi descrita de acordo com o sugerido no capítulo 2.

3.1.2 : Via de síntese das chaiconas 5(a'-k') à base de ácido tiobarbitúrico.

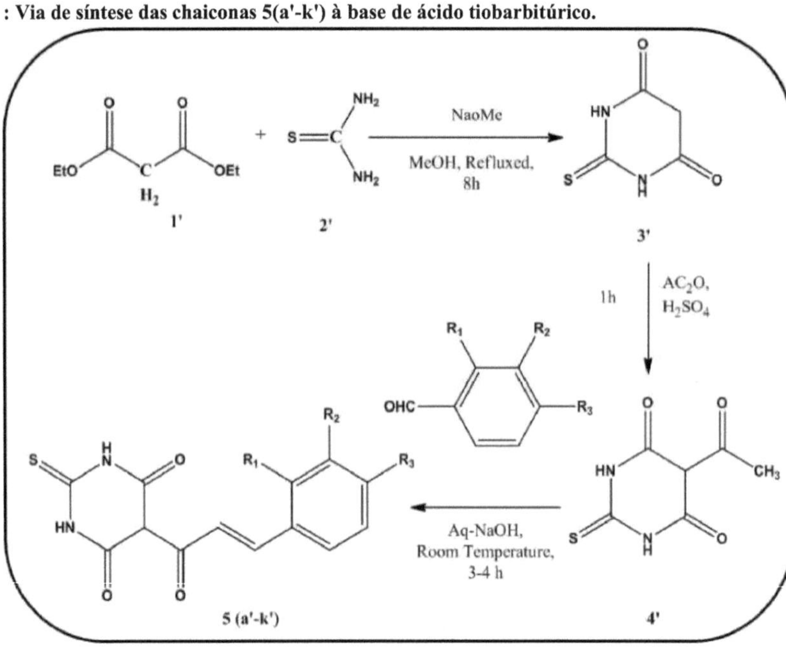

Esquema 3.2.1 Rota sintética dos compostos 5(a'-k').

3.1.1.1: Síntese da 2-tioxo-di-hidro-pirimidina-4,6-diona (3')

A uma solução de **1'malonato** de dietilo (20 g, 118,9 mmol) e **2'** tioureia (7,5 g, 98,5 mmol) em metanol, adicionou-se metóxido de sódio anidro e refluxou-se a 65°C durante 8h. Separa-se um sólido branco. Em seguida, adicionaram-se à mistura reacional 125 ml de água quente (50°C) e utilizou-se ácido clorídrico para tornar a solução ácida. Após a conclusão da reação, a solução límpida resultante foi filtrada e arrefecida num banho de gelo durante a noite. O produto branco formado foi filtrado, lavado com 50 ml de água fria, seco e recristalizado a partir de acetona para obter o composto 3' (10,2 g) como um pó branco [18]. Rendimento: 72 %, M.W. 144.15, m.p. 252-255°C; 'H NMR (DMSO-sk): 5 2,98 (2H, s, $-CH_2$), 11,72(1H, s, NH), 11,96 (1H, s, NH); ^{13}C NMR (DMSO-^): 8 (C-2, 44.12, C-4, C-6, 166.23, C-2, 175.34); IR (KBr, cm'[1]): 1252 (C=S), 1698 (C=O), 3339(N-H); Anal. Calcd. Para C4H4N2O2S: C, 33.33; H, 2.80; N, 19.43 %. Encontrado: C, 33.27; H, 2.89; N, 19.48%.

3.1.1.2: Síntese da 5-acetil-2-tioxo-di-hidro-pirimidina-4,6-diona (4')

A uma solução de 2-Mercapto-pirimidina-4,6-diona 3' (6,4 g, 44,39 mmol) em anidrido acético (150 ml), adicionaram-se algumas gotas de H2SO4 e refluxou-se durante 1 h. A reação no início era uma suspensão mas, após cerca de 10 min de refluxo, transformou-se numa solução límpida de cor castanha. A mistura reacional foi concentrada em 1/2 do seu volume original e arrefecida a cerca de 10°C. O produto sólido foi formado, filtrado, lavado com água quente e depois com acetona, seco e recristalizado a partir de acetona para dar o composto 4' (7,4 g,) rendimento, como um pó castanho [19], M.W. 174,19, Rendimento: 90%, m.p. 242-245 °C; ^{3}H NMR (DMSO-d_d): 8 2.60 (3H, s, $-CH_3$), 2.62 (1H, s, CH do anel pirimidina), H.O1(1H, s, NH do anel pirimidina), 11.73 (1H, s, NH do anel pii-imidina); ^{13}C NMR (DMSO-^): 8 (C-8, 27.52, C-5, 69.12, C-4, C-6, 168.12, C-2, 172.35, C-7, 178.69); IR (KBr, cm[1)]: 1250.52 (C=S), 1700.34 (C=O), 3034.69 ($C=CH_3$), 3210.46 (CH do anel pirimidina), 3285.78 (NH do anel pirimidina); Anal. Calcd. Tor $C_6H_6N_2O_3S$: C, 38,70; H, 3,25; N, 15,05 %. Encontrado: C, 38.77; H, 3.21; N, 15.11%.

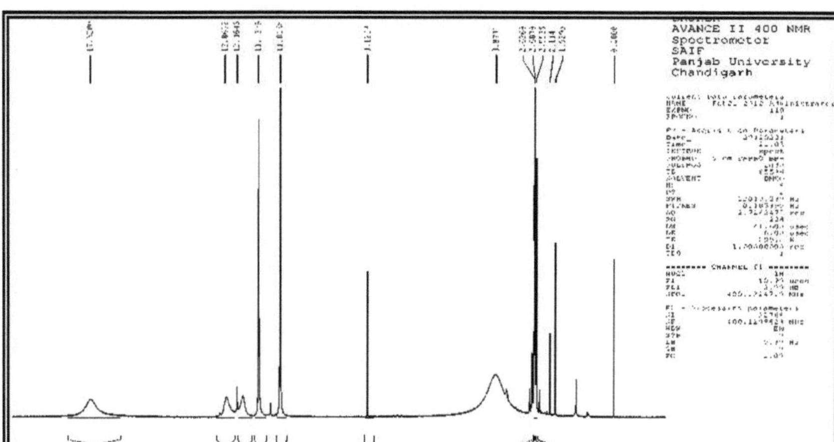

Figura 3.1.1: Espectro de ^-NMR do composto 4'.

3.1.1.3: Método geral para a preparação das chaiconas 5(a'-k').

A uma solução bem agitada do composto (0,2 g, 1,148 mmol) 4' numa solução aquosa de hidróxido de sódio a 40%, adicionou-se uma quantidade equimolecular dos aldeídos apropriados **(a'-k')** (por exemplo, benzaldeído 0,121 g 1,148 mmol). A mistura reacional foi agitada à temperatura ambiente durante cerca de 12 h. A confirmação da reação foi efectuada por TLC utilizando uma mistura de clorofórmio-metanol e hexano-acetato de etilo (4:lv/ v). Após a conclusão da reação, o composto final foi isolado da água a 6-7 P^H. A purificação adicional do composto isolado foi efectuada por recristalização em metanol. De forma semelhante, foram sintetizados outros compostos **5(a'-k')** [20].

Estrutura geral da chaicone sintetizada à base de ácido tiobarbitúrico

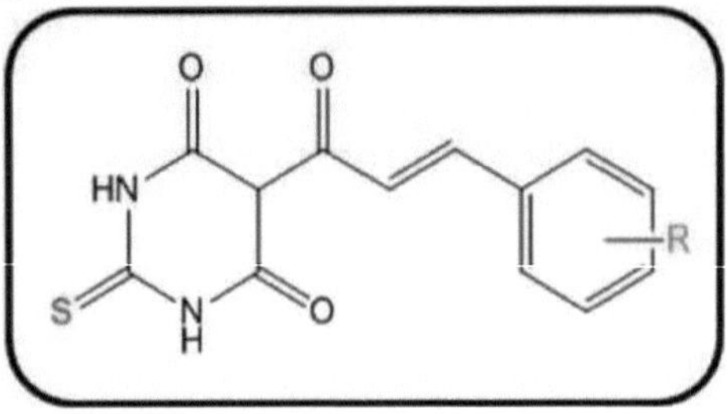

3.1.1 Caracterização físico-química dos compostos sintetizados

Sr. No.	Compound code	R as the substituent	Molecular Formula (Weight)	Color	M.P. (°C)	Yield (%)
1.	**5a'**	R=-H	$C_{13}H_{10}N_2O_3S$ (274.30)	Pale Yellow Powder	>250	77
2.	**5b'**	R=2-OH	$C_{13}H_{10}N_2O_4S$ (290.29)	Light Brown Powder	>250	58
3.	**5c'**	R=4-OH	$C_{13}H_{10}N_2O_4S$ (290.29)	Dark Brown Powder	>250	82
4.	**5d'**	R=4-OCH_3	$C_{14}H_{12}N_2O_4S$ (304.32)	Yellow Powder	>250	62
5.	**5e'**	R=3,4-OCH_3	$C_{15}H_{14}N_2O_5S$ (334.35)	Dark Yellow Powder	>250	74
6.	**5f'**	R=2-Cl	$C_{13}H_9ClN_2O_3S$ (308.74)	Brown powder	>250	84
7.	**5g'**	R=4-Cl	$C_{13}H_9ClN_2O_3S$ (308.74)	Dark brown Powder	>250	86
8.	**5h'**	R=3-NO_2	$C_{13}H_9N_3O_5S$ (319.29)	Brown Powder	>250	88
9.	**5i'**	R=4-NO_2	$C_{13}H_9N_3O_5S$ (319.29)	Dark Brown Powder	>250	82
10.	**5j'**	R=4-CH_3	$C_{14}H_{12}N_2O_3S$ (288.32)	Brown Powder	>250	75
11.	**5k'**	Naphthyl ring	$C_{17}H_{12}N_2O_3S$ (324.35)	Dark Brown Powder	>250	65

3.1.2 Dados de caraterização dos compostos sintetizados 5(a'-k') 5-(3-Fenil-acriloil)-2-tioxo-dihidro-pirimidina-4,6-diona (5a')

Pó amarelo pálido, M.W.274.30, Rendimento 77%; m.p. >250°C; *H NMR (DMSO-J_6): 8 2,53 (2H, *s,J*= 16,2, trans-CH=CH), 3,82 (1H, s, -CH do anel de pirimidina em C-5), 6,49-7,39 (5H, m, Ar-H), 7,91 (1H, s, ácido barbitúrico NH), 8,14 (1H, s, ácido barbitúrico NH), ^{13}C NMR (DMSO-e/g): 8 77(C-5), 114.32 (C-9), 114.67 (C-8), 122.95 (C-13), 127.12(C-12, C-14), 129.27 (C-ll, C-15), 132 (C-10), 155(C-7), 163.15(C-4, C-6), 168.05 (C-2); IR (KBr, cm'^{1}): 1251.15 (C-SH), 1612.12 (C=C aromático), 1696.23 (C=O), 3335.52 (N-H); X max: 237.84, 274. 59, 308.37; €: 4.93, 5.00, 5.05; Anal. Calcd. Para C13H10N2O3S: C 56,92, H 3,67, N 10,21 (%). Encontrado: C 56.89, H 3.71, N 10.19(%).

5-[3-(2-hidroxifenil)-acriloil]-2-tioxo-di-hidro-pirimidina-4,6-diona (5b')

Castanho claro, M.W.290.29,Rendimento 58%; m.p. > 250°C; *H NMR (DMSO-d_6): 8 2.51 (2H, s, J =16.1, trans- CH=CH), 3.72 (1H, s,-CH do anel de pirimidina em C-5), 6.59-7.49 (4H, m, Ar-H), 7.89 (1H, s, ácido barbitúrico NH), 8.19 (1H, s, ácido barbitúrico NH) 9.29 (1H, s, 0- Ar- OH); ^{13}C NMR (DMSO-6/$_6$): 8 76(C-5), 115.10 (C-9), 115.40 (C-8), 122.82 (C-13, C-14), 126.72(C-12, C-15), 129.67 (C-ll), 131.89 (C-10) 155.15 (C-7), 165.15(C-4, C-6), 168.25 (C-2); IR (KBr, cm'^{1}): 1253,21 (C-SH), 1608,14 (C=C aromático), 1693,36 (C=O),
3339.27(N-H); X max: 237.84, 283.99, 308.37; €: 4.91, 4.99, 5.05; Anal. Calcd. Para C13H10N2O4S: C 53,79, H 3,47, N 9,65 (%). Encontrado (%): 53.76, H 3.51, N 9.62(%).

5-[3-(4-hidroxifenil)-acriloil]-2-tioxo-di-hidro-pirimidina-4,6-diona (5c')

Castanho escuro, M.W. 290.29, Rendimento 82%; m.p. >250 "C; *H NMR (DMSO-t/$_6$): 5 2,54 (2H, s, *J*=16,4, trans-CH=CH), 3,74 (1H, s,-CH do anel pirimidínico em C-5), 6,49-7,67 (2H, dd, Ar-H), 7,88 (1H, s, ácido barbitúrico NH), 8,15 (1H, s, ácido barbitúrico NH) 9,37 (1H, s, p- Ar- OH); RMN ^{13}C (DMSO-^): 5 78(C-5), 113.10 (C-9), 113.38 (C-8), 121.39 (C-13), 126.56(C-12, C-14), 129.60(C-ll, C-15), 133.29 (C-10), 157.55 (C-7), 163.15(C-4, C-6), 168.05 (C-2); IR (KBr, cm^{1}): 1257.33 (C-SH), 1614.17 (C=C aromático), 1689.15 (C=O), 3328.54(N-H); X max: 237.84, 277.41, 311.65, €: 4.91, 4.98, 5.03; Anal. Calcd. Para C13H10N2O4S: C 53,79, H 3,47, N 9,65 (%). Encontrado: 53.74, H 3.50, N 9.61(%).

5-[3-(3-Metoxi-fenil)-acriloil]-2-tióxi-di-hidro-pirimidina-4,6-diona (5d')

Pó amarelo, M.W.304.32. Rendimento 62%; p.m. >250°C; *H NMR (DMSO-J_6): 8 2,55 (2H, s, J =16,6, trans-CH=CH), 3,69 (1H, s,-CH do anel pirimidínico em C-5), 3,76 (3H, s, m-OCHs), 6,78-7,08 (2H, dd, Ar-H), 7,90 (1H, s, ácido barbitúrico NH), 7,93 (1H, s, ácido barbitúrico NH); RMN ^{13}C (DMSO-c/$_6$): 5 58,08 (C-18), 78,85 (C-5), 113,30 (C-9), 113,47 (C-8), 122,95 (C- 11, C-15), 129,27 (C-12, C-14), 131,17 (C-10, C-13), 157 (C-7), 162,66(C-4, C-6), 167,05 (C-2); IR (KBr, cm'^{1}): 1260,73 (C-SH), 1603,57 (C=C aromático), 1687,97 (C=O), 3343,39(N-H); X max: 237,84, 272,24, 308,84; €: 4.89, 4.95, 5.00; Anal. Calcd. Para C14H12N2O4S: C 55,25, H 3,97, N 9,21 (%).Encontrado: C 55.28, H 3.93, N 9.23 (%).

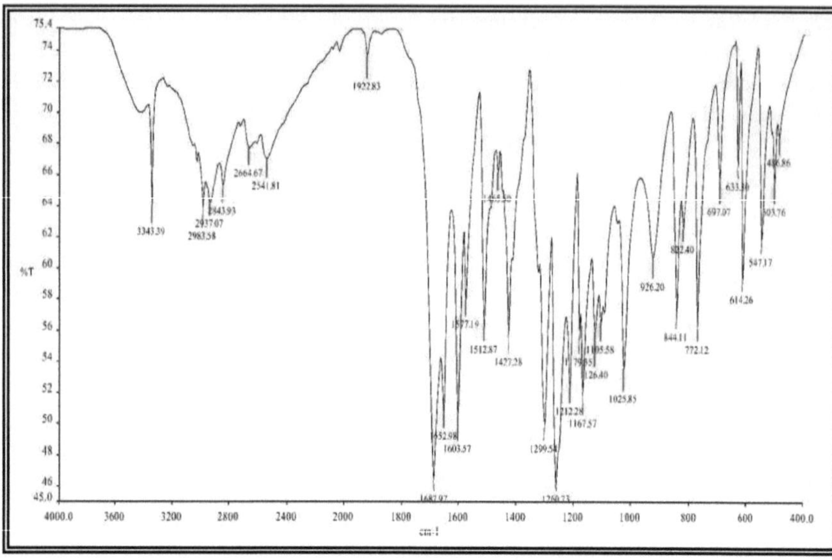

Figura 3.1.2: Espectro FT-IR do composto 5d'.

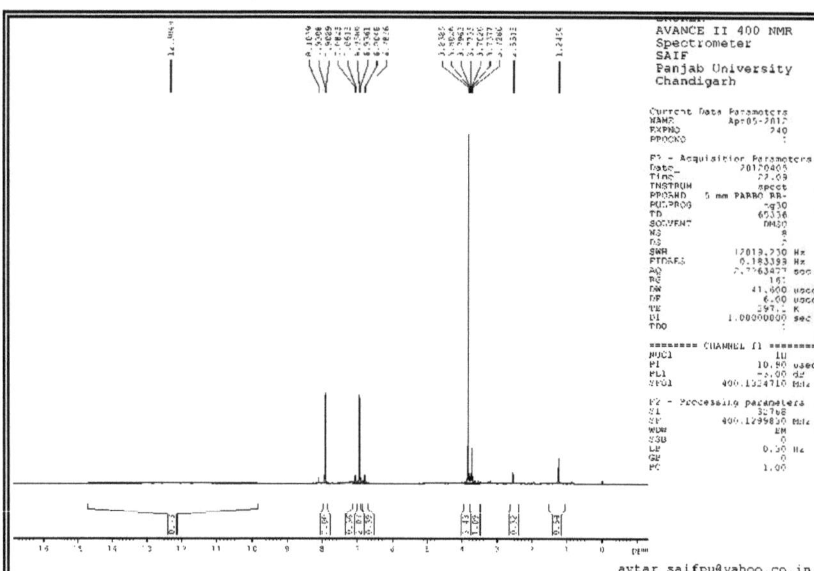

Figura:3.1.3: *Espectro de RMN de H do composto 5d'.

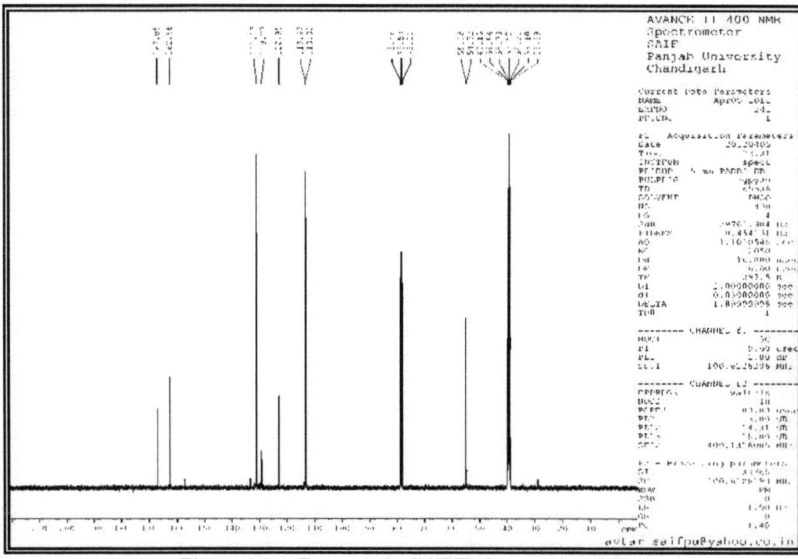

Figura:3.1.4: Espectro de C-NMR do composto 5d'.

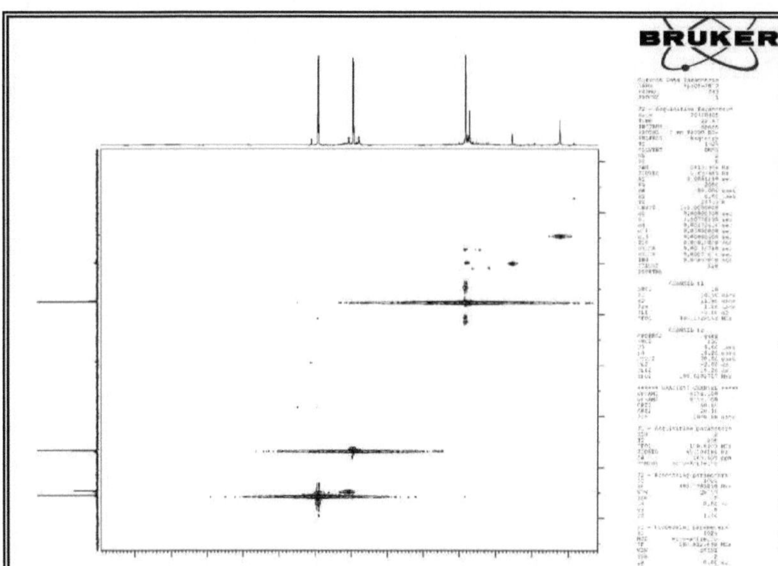

Figura 3.1.5: Espectro HMBC do composto 5d'.

5-[3-(3,4-Dimetoxifenil)-acriloil]-2-tioxo-di-hidro-pirimidina-4,6-diona (5e')

Amarelo escuro, M.W. 334.35, Rendimento 74%; m.p. >250°C; *H NMR (DMSO4): 8 2.53 (2H, s, *J*=16.3, trans-CH=CH), 3.78 (1H, s,-CH do anel de pirimidina em C-5), 3.85 (3H, s, m-OCHj), 4.09 (3H, s, P-OCH3), 6.75-7.18 (2H, dd, Ar-H), 7.76 (1H, s, ácido barbitúrico NH), 7.95 (1H, s, ácido barbitúrico NH); ^{13}C NMR (DMSO-e/6): 8 58,08 (C-18, C-17) 75,35 (C-5), 114,56 (C- 9), 114,87 (C-8), 122,95 (C-ll, C-15), 129,27 (C-12, C-14), 131,17 (C-10, C-13), 158 (C-7), 162,66 (C-4, C-5), 167,05 (C-2); IR (KBr, cm'[1]): 1261.69 (C-SH), 1607.12 (C=C aromático), 1685.43 (C=O), 3337.64 (N-H); X max: 237.84, 275.06, 308.84; €: 4.85, 4.91, 4.96; Anal. Calcd. C15H14N2O5S: C 53,88, H 4,22, N 8,38 (%). Encontrado: C 53.85, H 4.26, N 8.36 (%).

5-[3-(2-Clorofenil)-acriloil]-2-tióxi-di-hidro-pirimidina-4,6-diona (5P)

Pó castanho, M.W. 308.74, Rendimento 84%; m.p. >250°C; *H NMR (DMSO-^): 8 2,51 (2H, s, J =16,2, trans-CH=CH), 3,80 (1H, s,-CH do anel pirimidínico em C-5), 6,68-7,58 (2H, m, Ar- H), 7,74 (1H, s, ácido barbitúricoNH), 7,97 (1H, s, ácido barbitúricoNH); RMN [13]C (DMSO-dg): 8 74,53 (C-5), 113,26 (C-9), 113,59 (C-8), 122,92 (C-13, C-14), 126,51 (C-12, C-15), 129,39 (C-ll), 131,78 (C-10) 157,23 (C-7), 162,66 (C-4, C-6), 168,62 (C-2); IR (KBr, cm[1]): 1254,71 (C-SH), 1615,42 (C=C aromático), 1690,56 (C=O), 3334,28 (N-H); X max: 237,84, 276, 309,78; €: 4.88, 4.95, 5.00; Anal. Calcd. C13H9CIN2O3S: C 50,57, H 2,94, N 9,07 (%).Encontrado: C 50.54, H 2.97, N 9.02 (%).

5-[3-(4-Clorofenil)-acriloil]-2-tióxi-di-hidro-pirimidina-4,6-diona (5g')

Pó castanho escuro, M.W. 308.74, Rendimento 86%; m.p. >250 "C; 'H NMR (DMSO-J6): 5 2.53 (2H, s, J =16.4, trans-CH=CH), 3.90 (1H, s,-CHdo anel de pirimidina em C-5), 6.57-7.48 (2H, dd, Ar-H), 7.83 (1H, s, ácido barbitúrico NH), 7.97 (1H, s, ácido barbitúrico NH); ^{13}C NMR (DMSO-^): 5 76,37 (C-5), 113,67 (C-9), 113,87 (C-8), 122,92 (C-13), 126,43 (C-14, C-15), 129,63 (C-ll, C-12), 131,45 (C-10) 157,12 (C-7), 162,27 (C-4, C-6), 168,67 (C-2); IR (KBr, cm[1]): 1604 (C=C aromático), 1684 (C=O), 2527 (C=S), 3331 (N-H); X max: 238.31, 281.64, 308.37; €: 4.88, 4.96, 4.99; Anal. Calcd. C13H9CIN2O3S: C 50.57, H 2.94, N 9.07 (%). Encontrado (%): C 50.51, H 2.99, N 9.04 (%).

5-[3-(3-Nitro-fenil)-acriloil]-2-tioxo-di-hidro-pirimidina-4,6-diona (5h')

Pó castanho, M.W. 319.29, Rendimento 88%; m.p. >250°C; *H NMR (DMSO-^): 8 2,52 (2H, s, J =16,7, trans-CH=CH), 3,65 (1H, s.-CH do anel pirimidínico em C-5), 6,78-7,08 (4H, m, Aril), 7,86 (1H, s, ácido barbitúricoNH), 7,97 (1H, s, ácido barbitúricoNH); RMN [13]C (DMSO-dg): 8 78,53 (C-7), 113,26 (C-9), 113,68 (C-8), 121,29 (C- 13), 126,43 (C-12, C-14), 129,58(C- 11, C-15), 133,18 (C-10) 157,53 (C-7), 161,35 (C-4, C-6), 169,34 (C-2); IR (KBr, cm'[1]): 1348 (C-NO2), 1609 (C=C aromático), 1693 (C=O), 2536 (C=S), 3329(N-H); X max: 238.31, 275.06, 308. 37; €: 4.87, 4.93, 4.98; Anal. Calcd. $Cl_3H_9N_3O_5S$: C 48,90, H 2,84, N 13,16 (%).Encontrado: C 48,87, H 2,91, N 13,14 (%).

5-[3-(4-Nitro-fenil)-acriloil]-2-tioxo-di-hidro-pirimidina-4,6-diona (5i')

Pó castanho escuro, M.W. 319.29, Rendimento 82%; m.p. >250°C; *H NMR (DMSO-^): 8 2,57 (2H, s, J =16,7, trans-CH=CH), 3,70 (1H, s,-CH do anel pirimidínico em C-5), 6,68-7,28 (2H, dd, Ar-H), 7,79 (1H, s, ácido barbitúrico NH), 8,03 (1H, s, ácido barbitúrico NH); RMN [13]C (DMSO-e/g): 8 78,53 (C-7), 113,26 (C-9), 113,68 (C-8), 121,29 (C-13), 126,43 (C-12, C-14), 129,58(C-11, C-15), 133,18 (C-10) 157,53 (C-7), 161,35 (C-4, C-6), 169,34 (C-2); IR (KBr, cm'[1]): 1353(C-NO_2), 1613 (C=C aromático), 1687 (C=O), 2535 (C=S), 3327(N-H); X max: 238.26, 276, 306.5; €: 4.87, 4.93, 4.98; Anal. Calcd. $Cl_3H_9N_3O_5S$: C 48,90, H 2,84, N 13,16 (%). Encontrado: C 48.92, H 2.81, N 13.17 (%).

Tioxo-5-(3-p-tolil-acriloil)-di-hidro-pirimidina-4,6-diona (5j')

Pó castanho, M.W. 288.32, Rendimento 75%; m.p. >250 "C; 'H NMR (DMSO-J6): 8 2,54 (2H, s, J =16,3, trans-CH=CH), 3,69 (1H, s,-CH do anel pirimidínico em C-5), 6,48-7,38 (2H, dd, Aril), 7,81 (1H, s, ácido barbitúrico NH), 7,08 (1H, s, ácido barbitúricoNH); ^{13}C NMR (DMSO-t/6): 8 77(C-5), 113.45 (C-9), 113.76 (C-8), 121.78 (C-13), 126.34 (C-12, C-14), 129.87 (C-ll, C- 15), 132.22 (C-10), 158.25 (C-7), 166.15 (C-4, C-6), 169.26 (C-2); IR (KBr, cm[1]): 1607 (C=C aromático), 1682 (C=O),

2544 (C=S), 3345(N-H); X max: 238.31, 277.88, 306.5; €: 4.91, 4.98, 5.04; Anal. Calcd. C14H12N2O3S): C 58.32, H 4.20, N 9.72 (%). Encontrado: C 58.29, H 4.24, N 9.76 (%).

5-(3-Naftaleno-2-il-acriloil)-2-tioxo-di-hidro-pirimidina-4,6-diona (5k')

Pó castanho escuro, M.W. 324.35, Rendimento 65%; m.p. >250°C; 'H NMR (DMSO-t/d): 8 2.56 (2H, s, J =16.3, trans-CH=CH), 3.83 (1H, s,-CH do anel de pirimidina em C-5), 6.75-7.14 (7H, m, Ar-H), 7.89 (1H, s, ácido barbitúrico NH), 8.03 (1H, s, ácido barbitúrico NH); ^{13}C NMR (DMSO-^): 8 76 (C-5), 114,52 (C-9), 114,77 (C-8), 122,95-132,67 (C do anel naftaleína), 156,13 (C-7), 164,73 (C-4, C-6), 169,54 (C-2); IR (KBr, cm'^{1}): 1610 (C=C aromático), 1697 (C=O), 2527 (C=S), 3338(N-H); X max: 239.26, 279.76, 311.06; €: 4.86, 4.93, 4.98; Anal. Calcd. C17H12N2O3S: C 62,95, H 3,73, N 8,64 (%). Encontrado: C 62.92, H 3.69, N 8.67 (%).

3.1.3 Resultados e discussão

3.1.3.1 Caraterísticas espectrais e tautomerismo

As estruturas dos compostos sintetizados foram confirmadas por dados espectrais e análise elementar e estavam em total concordância com as estruturas propostas. Os dados de RMN de 'H dos compostos revelaram sinais entre 6,48 - 7,58 3 ppm para protões aromáticos do anel fenil substituído. Os dados de ^{1}H NMR dos compostos revelaram sinais entre 7,74-8,19 8 ppm e -NH do anel pirimidina. O (!)H NMR dos compostos **4'** e **5d'** prova que, quando os chaicones se formam, os protões -NH do anel pirimidina deslocam-se para o campo ascendente.

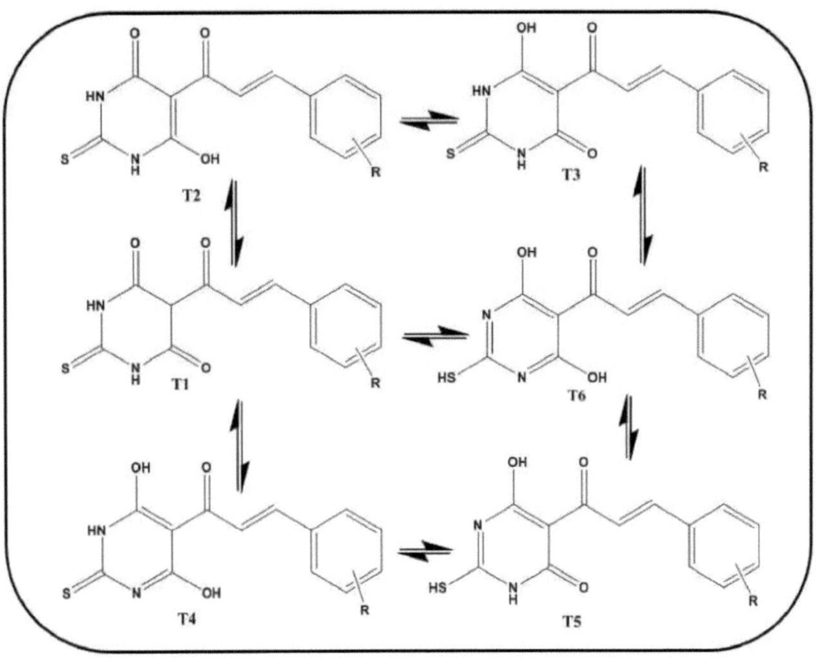

Esquema 3.2.2: Formas tautoméricas plausíveis dos compostos 5(a'-k').

O estudo tautomérico é importante para outras áreas da química. O sinal de *H NMR a 12,34 8 ppm indica a presença de protões do grupo OH, o que confirma a formação de uma mistura tautomérica, mas em pequena quantidade. Os tautómeros não só têm cores diferentes, como também têm diferentes forças tintoriais e diferentes propriedades. As chaiconas 5(a'.k0 podem existir em seis formas tautoméricas possíveis, nomeadamente **Tl, T2, T3, T4, T5** e **T6**, como se mostra no esquema 2.2.2. Os espectros de RMN ^{13}C do composto **5d'** revelaram picos caraterísticos a 58,08, 78,85, 113,30, 113,47, 122,95, 129,27, 131,17, 157, 162,66, 167,05 8 ppm. Os espectros FT-IR dos compostos **5 (a'-k')** revelaram bandas caraterísticas entre 3010 cm'^{1} e 3085 cm'^{1}, confirmando a presença de grupos (C=C). Além disso, nos espectros de IV, as bandas entre 1682-1697 cm'^{1} confirmam a presença do grupo C=O. Além disso, apareceu uma banda caraterística a 2526-2544 cm'^{1} que corresponde à presença de grupos C=S. A presença do grupo - NO2 no anel aiílico dos compostos **5h'** e **5i'** foi confirmada pelo espetro de IV, que mostrou uma banda caraterística a 1348 cm"^{1} e 1353 cm"^{1}, respetivamente.

3.1.3.2 Efeitos nos espectros de UV

Os espectros de absorção UV das chaiconas **5(a'-k')** foram registados na gama de 230-350 nm, utilizando DMSO como solvente em concentrações (10"^{5} M), como se mostra na figura 2.2.3.

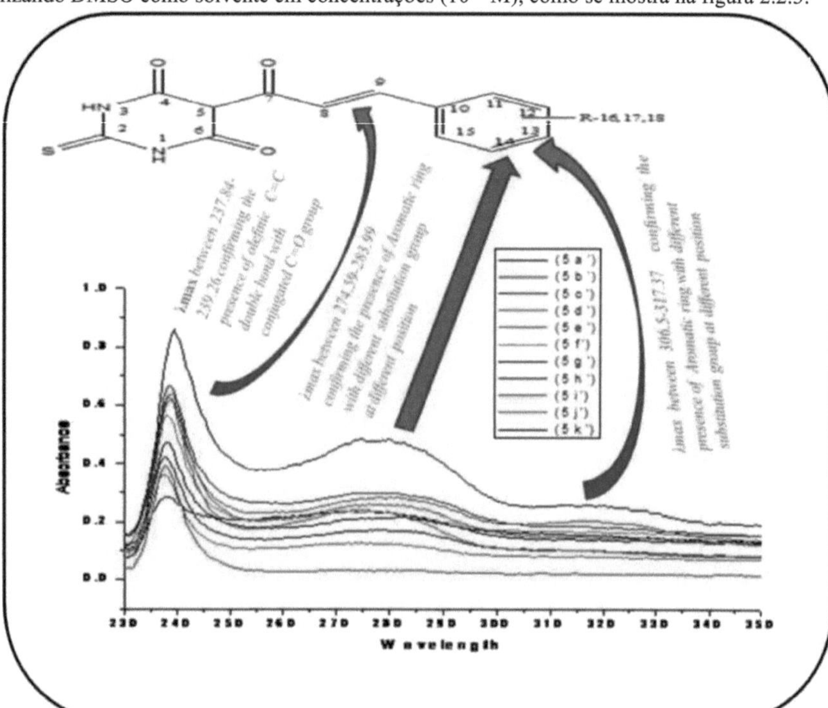

Figura 3.1.6: Espectro UV dos compostos sintetizados 5(a'-k').

O primeiro pico de absorção (X max) nos espectros U.V. dos compostos mostra sinais entre 237,84 - 239,26, confirmando a presença da ligação dupla olefínica HC=CH com grupo C=O conjugado. O segundo e terceiro picos de absorção (X max) revelaram sinais entre 274,59283,99 e 306,5-317,37, respetivamente, confirmando a presença de um anel aromático com diferentes grupos de substituição em diferentes posições [21]. Também foi confirmado que, neste tipo de moléculas de caicone, ocorre *n-it** devido à presença de ligações insaturadas e estes TT-TT* são responsáveis pelas actividades biológicas.

3.1.4 **Bioensaio**

3.1.4.1 Relação estrutura-atividade para a atividade antibacteriana A atividade antimicrobiana dos compostos sintetizados com a sua concentração inibitória mínima (CIM), concentração bactericida mínima (CBM) e valores da zona de inibição estão resumidos nas tabelas 2.2.1 e 2.2.2, respetivamente [22-24],

Tabela 3.1.2: Resultados de CIM (pg/mL) e MBC (pg/mL) dos compostos 5 (a'-k').

Compound Code	Gram (+Ve) Bacteria				Gram (-Ve) Bacteria					
	S. pyogenes		*S. aureus*		*E. coli*		*P. aeruginosa*		*K. pneumoniae*	
	MIC	MBC	MIC	MBC	MIC	MBC	MIC	MBC	MIC	MBC
5a'	250	500	250	250	250	500	250	250	200	250
5b'	125	200	500	500	125	200	250	250	200	250
5c'	100	250	250	500	250	250	250	500	125	200
5d'	200	250	200	250	200	250	100	125	200	250
5e'	62.5	100	500	500	500	500	200	200	250	500
5f'	250	250	250	500	250	500	250	500	200	250
5g'	100	125	100	100	125	125	200	250	100	125
5h'	200	250	200	250	100	100	125	200	62.5	100
5i'	100	100	125	200	250	500	250	250	200	200
5j'	250	200	125	125	100	200	250	500	100	100
5k'	250	250	200	250	250	500	100	125	125	200
Ciprofloxacin	50		100		25		25		25	

Tabela 3.1.3: Zona de inibição (mm) dos compostos 5 (a'-k').

Compounds Code.	Diameter for Zone of Inhibition (mm)																			
	Gram Positive Bacteria								Gram Negative Bacteria											
	S. pyogenes MTCC 442				*S. aureus MTCC 96*				*E. coli MTCC 443*				*P. aeruginosa MTCC 424*				*K. pneumoniae MTCC 109*			
	25	**50**	**100**	**250**	**25**	**50**	**100**	**250**	**25**	**50**	**100**	**250**	**25**	**50**	**100**	**250**	**25**	**50**	**100**	**250**
5a'	12	15	15	17	10	13	15	17	12	15	15	17	10	13	15	17	10	12	14	17
5b'	13	15	16	17	11	13	17	19	13	15	16	17	11	13	17	19	12	13	15	17
5c'	15	17	16	17	10	14	16	18	15	17	16	17	10	14	16	18	10	11	16	18
5d'	15	18	20	21	13	17	18	21	15	18	20	21	13	17	18	21	11	13	14	17
5e'	12	16	18	21	11	15	18	20	12	16	18	21	11	15	18	20	14	15	18	19
5f'	13	14	15	16	10	14	17	18	13	14	15	16	10	14	17	18	12	13	15	18
5g'	11	14	17	19	11	12	13	15	11	14	17	19	11	12	13	15	13	15	17	20
5h'	15	17	18	18	14	16	17	19	15	17	18	18	14	16	17	19	10	14	17	18
5i'	12	15	19	23	11	13	18	20	12	15	19	23	11	13	18	20	11	13	15	16
5j'	15	15	18	19	10	12	16	17	15	15	18	19	10	12	16	17	12	14	15	17
5k'	14	16	18	21	10	12	15	19	14	16	18	21	10	12	15	19	14	15	18	20

O composto **5a'** sem qualquer substituinte na posição *orto, meta e para* do anel arilo ligado como HC=CH da fração de caicone apresenta uma CIM = 250 pg/mL contra bactérias Gram-positivas e Gram-negativas, exceto contra *K. pneumoniae*, em que a CIM =200 pg/mL. No caso do composto **5b'**, que tinha um substituinte hidroxilo na posição *orto* do anel arilo na fração de caicone, apresenta uma atividade significativa em termos de CIM =125 pg/mL contra *S. pyogenes* na fração de caicone e *E. coli*, o mesmo composto apresenta uma CIM semelhante =250 pg/mL contra *P. aeruginosa* e *K. pneumoniae.*
O composto **5c'** com um grupo hidroxilo na posição *para* do anel fenílico apresenta melhores valores de CIM contra *S. pyogenes, S. aureus* e *K. pneumoniae* em comparação com o composto **5b'.** A caicone **5d'** com um grupo metoxi doador de electrões na posição *para* do anel arilo mostrou uma boa capacidade de inibir todas as estirpes bacterianas em termos de CIM na gama de 100-200 pg/mL. Verificou-se também que o composto **5d'** apresenta a melhor CIM =100 pg/mL e MBC =125 pg/mL contra *P. aeruginosa* juntamente com o composto **5k'** entre todos os derivados sintetizados. Por outro lado, **o 5e'** que tinha dois grupos metoxi na posição *meta* e *para* no anel fenil, respetivamente, mostrou uma forte inibição em termos de CIM = 62,5 pg/mL contra *S. pyogenes* e o composto foi considerado o mais potente contra a mesma bactéria entre todos os análogos de caicone. Uma observação muito interessante feita para os compostos **5d'** e **5e'** foi que, à exceção da atividade contra *S. pyogenes,* **5d'** apresentou valores de CIM e CBM muito bons em comparação com o composto **5d'** contra *S. aureus, E. coli, P. aeriginosa* e *K. pneumoniae.*
No caso dos compostos 5f e 5g', que tinham um substituinte cloro retirador de electrões, respetivamente, na posição *orto* para o composto **5f** e na posição para para o composto **5g'** do anel fenílico ligado à caicone, mostram um efeito inibidor eficaz com uma gama de CIM de 100-250 pg/mL contra todas as estirpes bacterianas.
O composto **5g'** apresenta a maior atividade contra *S. aureus* em termos de CIM e MBC =100 pg/mL entre todos os compostos. O mesmo composto também apresentou CIM =100 pg/mL e MBC =125 pg/mL semelhantes contra *S. pyogenes* e *K. pneumoniae.* Na comparação dos compostos **5f** e **5g'** por meio de dados de atividade, o composto **5g** foi considerado superior ao composto **5f.** As chaiconas **5h'** e **5i'** com o grupo -NO2 substituído no anel fenílico na posição *meta* e *para*, respetivamente, apresentam uma CIM na gama de 62,5-250 pg/mL. Verificou-se que o composto **5h'** apresenta uma forte inibição contra as bactérias Gram-negativas *E. coli* e *K. pneumoniae* em termos de CIM =100 pg/mL e CIM =62,5 pg/mL, respetivamente, com MBC =100 pg/mL semelhante entre todos os derivados sintetizados.
O grupo -NO2 na posição *para* que contém o composto **5i'** apresenta MBC =100 pg/Ml contra *S. pyogenes* semelhante ao composto mais potente **5e'**, mas **5e'** apresenta melhor MIC =62,5 pg/mL do que **5i'** com MIC =100 pg/mL contra *S. pyogenes,* contra todas as estirpes bacterianas Gram-positivas. Verificou-se que o composto **5i'** apresenta uma melhor atividade (CIM e CBM) em comparação com **5h'**, tendo uma atividade superior a **5i'** contra todas as estirpes bacterianas Gram negativas. A atividade antibacteriana do substituinte doador de electrões -metilo no anel fenílico que contém o composto **5j'** apresenta uma CIM muito boa =100 pg/mL contra *E. coli* juntamente com o composto **5h',** mas em comparação com **5h'** apresenta uma MBC melhor =100 pg/mL em comparação com a MBC =200 pg/mL do composto **5j'.**
O composto **5j'** também apresentou uma CBM =100 pg/mL semelhante à do composto **5h'** mais ativo contra a *K. Pneumoniae.* O composto **5k'**, que contém o anel naftaleno, revelou-se equipotente em termos de CIM =100 pg/mL e CBM =125 pg/mL, juntamente com o composto **5d'.** *A K. Pneumoniae* foi eficazmente inibida com uma boa CIM =125 pg/mL pelo composto **5k'.** Na maioria dos casos, verificou-se que a MBC dos compostos era uma a duas vezes superior à dos resultados

correspondentes da CIM.

3.1.4.2 Relação estrutura-atividade para a atividade antifúngica

A atividade antifúngica também foi realizada pelo método de difusão em disco Kirby Bauer. Para avaliar a atividade antifúngica, *C. albicans MTCC-22 7, A. clavatus MTCC-1323, T. rubrum MTCC296* e *Penicilium wild strain* foram recultivados em DMSO pelo método de difusão em ágar. A CIM, a MFC e a zona de inibição em mm são apresentadas no quadro 2.2.3 e no quadro 2.2.4, respetivamente.

Tabela 3.1.4: Resultados da CIM (pg/mL) e MFC (pg/mL) dos compostos 5 (a'-k').

Compound Code	Fungal Strains							
	C. albicans MTCC 227		*A. clavatus MTCC 1323*		*T. rubrum MTCC 296*		*Penicillium wild strain*	
	MIC	MFC	MIC	MFC	MIC	MFC	MIC	MFC
5a'	500	500	1000	1000	1000	1000	1000	>1000
5b'	1000	>1000	>1000	>1000	>1000	>1000	>1000	>1000
5c'	>1000	>1000	500	500	>1000	>1000	>1000	>1000
5d'	>1000	>1000	500	1000	>1000	>1000	500	500
5e'	500	500	1000	1000	500	500	1000	1000
5f'	250	1000	>1000	>1000	500	500	>1000	>1000
5g'	500	500	500	500	>1000	>1000	>1000	>1000
5h'	1000	1000	1000	1000	1000	1000	1000	1000
5i'	1000	1000	1000	1000	1000	1000	500	500
5j'	1000	1000	>1000	>1000	>1000	>1000	>1000	>1000
5k'	>1000	>1000	>1000	>1000	1000	1000	1000	1000
Griseofulvin	100		100		500		100	

Tabela 3.2.4: Zona de Inibição (mm) dos compostos 5 (a'-k').

Diameter For Zone of Inhibition(mm)																
Compound Code	*C. albicans MTCC 227*				*A. clavatus MTCC 1323*				*T. rubrum MTCC 296*				*Penicillium wild strain*			
	25	**50**	**100**	**250**	**25**	**50**	**100**	**250**	**25**	**50**	**100**	**250**	**25**	**50**	**100**	**250**
5a'	16	18	22	22	18	19	21	24	20	24	24	25	19	21	22	24
5b'	17	19	22	24	18	19	20	22	18	21	21	22	18	19	22	23
5c'	16	20	23	23	21	21	22	24	22	22	24	24	18	19	22	24
5d'	18	21	24	24	20	21	23	24	19	20	21	22	21	21	23	25
5e'	20	24	25	25	18	20	21	23	21	22	23	24	19	20	22	24
5f'	21	22	22	23	18	19	21	22	19	20	19	21	18	18	21	22
5g'	20	21	22	23	18	20	22	22	18	20	21	22	19	22	23	25
5h'	21	22	23	24	20	22	22	24	18	21	22	27	18	20	21	22
5i'	20	21	25	25	20	21	22	24	20	22	23	25	21	21	23	25
5j'	19	20	21	24	21	22	22	25	19	20	22	25	18	18	19	22
5k'	22	22	24	25	18	20	25	25	18	20	22	23	18	18	21	23

Uma investigação atenta dos valores de CIM indica que todos os compostos exibem uma gama variada de CIM (250->1000 pg/mL) de atividade antifúngica contra todas as estirpes de fungos testadas. A partir de, os dados de rastreio antifúngico dos compostos **5(a'-k')** mostraram uma atividade boa a moderada. Os compostos **5a'** e **5k'** sem qualquer substituinte em qualquer posição do anel de arilo ligado como CH=CH da fração de caicone mostraram CIM e MFC (1000->1000 pg/mL) contra todas as estirpes, mas no caso de **5a'** a presença de um pequeno anel de fenilo em comparação com o anel de naftilo de **5k'** mostra uma boa CIM e MFC = 500 pg/mL no caso de *C. albicans* como estirpe fúngica. No composto 5b', a presença do substituinte hidroxilo libertador de electrões na posição *orto* mostrou uma atividade moderada contra todas as estirpes, enquanto que no caso da caicone **5c'**, que contém o mesmo grupo mas na posição *para,* mostrou uma boa CIM e valores de MFC de 500 pg/mL para *A. clavatus* como estirpe fúngica. A molécula de chaicone **5d'** que contém o grupo metoxi libertador de electrões na posição *para* apresenta uma boa CIM 500 =pg/mL para C. *clavatus* e CIM e MFC = 500 pg/mL para *estirpes selvagens de Penicilium* como estirpes fúngicas. O composto **5e'** possui o mesmo substituinte metoxi na posição *meta* e *para* e apresenta uma CIM e MFC = 500 pg/mL boas e comparáveis para *C. albicans* e *T. rubrum* como estirpes fúngicas, respetivamente. Os derivados de caicone **5f** com um substituinte de cloro libertador de electrões na posição *orto* mostram uma CIM = 250 pg/mL e uma CIM e MFC comparáveis = 500 pg/mL para *C. albicans e* T. *rubrum* como estirpes fúngicas, respetivamente, mas o composto **5f** é mais superior do que **5e'** e **5f**. A molécula de caicone **5g'** contendo o mesmo grupo cloro na posição *para* apresenta bons valores de CIM e MFC de 500 pg/mL no caso de C. *albicans* e A *clavatus* como estirpes fúngicas. Os compostos **5h'** e **5i'** que contêm um grupo nitro que retira electrões na posição *meta* e *para*, respetivamente, apresentaram valores moderados de CIM e CMF, mas o composto **5i'** apresenta uma boa CIM e CMF = 500 pg/mL no caso *de estirpes selvagens de Penicium* como estirpe fúngica. A molécula de caicone **5j'** possui um grupo metilo libertador de electrões na posição *para* apresentou uma atividade antifúngica moderada. Verificou-se que o MFC dos compostos era uma ou duas vezes superior aos resultados correspondentes da CIM. A atividade antifúngica de cada composto foi comparada com a griseofulvina como medicamento padrão. As zonas de inibição foram medidas e comparadas com os controlos.

3.2 Conclusão

A partir do estudo antimicrobiano, verificámos que alguns dos compostos recentemente sintetizados que contêm grupos retiradores de electrões, como o cloro e o nitro, como substituintes no anel fenílico na caicone 5g' e 5i' mostraram uma atividade significativa contra ambos os gram-

positivas e bactérias gram-negativas. Por outro lado, o composto 5j' com o grupo doador de electrões metilo como substituinte no anel fenílico também mostrou uma boa atividade contra ambas as estirpes bacterianas (gram positivas e gram negativas). Verificou-se que os compostos 5e' e 5f apresentavam uma atividade comparável (CIM) contra T. rubrum como estirpe fúngica com referência à griseofulvina como medicamento padrão. O estudo antimicrobiano dos compostos sintetizados permitiu-nos afirmar que a variação da atividade antimicrobiana pode estar associada à natureza das estirpes bacterianas e fúngicas testadas e ao substituinte no anel fenílico na fração de caicone. Os resultados abrem caminho para a investigação de novos compostos potenciais para a investigação da atividade antimicrobiana. A presente investigação revelou que os compostos de chaicone 5(a'-k') podem ser potenciais líderes para o desenvolvimento de novos agentes antibacterianos e antifúngicos. No futuro, as chaiconas à base de 5-acetil-2-tioxo-dihidropirimidina-4,6-diona serão utilizadas para o desenvolvimento de novas entidades biológicas.

3.3 Referências:

1. Basavaraja H.S., Jayadevaiah K.V., Mumtaz M.H., Vijay Kumar M.M.J. Basavaraj P.; J Pharm Sci Res. 2,5-12, **2010.**
2. Holy A., Votruba I., Masojidkova M., Andrei G., Snoeck R., Naesens L., De Clercq E., Balzarini J.; J Med Chem. 45,1918-1929, **2002.**
3. Andres P., Marhold A.; J Fluor Chem. 77, 93-95, **1996.**
4. Reddick J.J., Saha S., Lee J., Melnick J.S., Perkins J., Begley T.P.; Bioorg Med Chem Lett 11,2245-2248, **2001.**

5. Kashman Y., Hirsh S., McConnell O.J., Ohtani L, Kusumi T., Kakisawa H.; J Am ChernSoc. Ill, 8925-8926, **1989.**

6. Omar A. E. F., Eman M.H.A., Neama, A.M., Sherien I. A. E., Aus J. of Basic and App Sci. 4, 1, 27-36, **2010.**

7. Nace Z., Danijel K.; Ata Chim Slov. 58, 151-157, **2011.**

8. Nowakowska Z., Eur J Med Chern. 42,125-137, **2007.**

9. Lee S.H., Seo G.S., Kim J.Y., Jin X.Y., Kim H.D., Sohn D.H.; Eur J Pharmacol 532, 178-186, **2006.**

10. Tomar V., Bhattacharjee G., Kamaluddina K. A.; Bioorg Med Chern Lett. 17, 53215324, **2007.**

11. Lopez S.N., Castelli M.V., Zacchino S.A., Domi'nguez J.N., Lobo G., Charris- Charris J., Cortes J.C., Ribas J.C., Devia C., Rodriguez A.M., Enriz R.D.; Bioorg Med Chem. 9,1999-2013, **2001.**

12. Anto R.J., Sukumaran K., Kuttana G., Rao M.N.A., Subbaraju V., Kuttana R.; Cancer Lett. 97, 33-37, **1995.**

13. Lui M.P., Wilairat S.L., Croft L.C., Tan A., Go M.L.; Bioorg Med Chem 11:27292738, **2003.**

14. Yi X., Zheng-Yu Y., Peng X., Kenneth F.B., Yuka N., Kuo-Hsiung L.; Bioorg Med Chem Lett. 10, 699-701, **2000.**

15. Hsu Y.L., Kuo P.L., Tzeng W.S., Lin C.C.; Food Chem Toxicol. 44, 704-713, 2006.

16. Siddiqui Z.N., Musthafa T.N., Ahmad A., Khan A.U.; Bioorg Med Chem Lett. 15, 2860-2865, **2011.**

17. Jacobson; Patente dos EUA 2,090,594 [C. A. 31, 7068], **1937.**

18. Branko S.J., Donna M.N.; Tetrahedron Lett. 42, 8435-8439, **2001.**

19. Dholakiya B.Z., Patel J.R.; Der Pharma Chemica, 3, (1) 458-466, 2011.

20. Silverstein R.M., Webster F.X., Spectrometric identification of organic compounds, 6th edn. Wiley, Nova Iorque, pp 79-223, 1997.

21. Alzoreky N.S., Nakahara K.; Int J Food Microbiol 80:223-230, 2003.

22. Bauer A.W., Kirby W.M., Sherris J.C., Turek M.; Am J Clin Pathol. 45, 493-496, **1966.**

23. Rios JL, Recio MC, Villar A.; J Ethnopharmacol. 23, 127-149, **1988.**

CAPÍTULO 4

Análise comparativa de Chalconas à base de Barbitúricos e Tiobarbitúricos

A procura de novos fármacos contra infecções microbianas oportunistas, inibições e cancro será provavelmente um processo contínuo devido à limitada eficiência a longo prazo dos fármacos em uso clínico. Os compostos descritos no presente trabalho de investigação representam uma coleção interessante de moléculas que potencialmente podem inibir vários microrganismos, tais como bactérias, fungos, inibição da xantina e da oxidase, crescimento de certas células cancerosas através de possíveis novos mecanismos de ação. Uma boa quantidade de informação é recolhida a partir de ensaios *in vitro* e *in vivo* simplificados e utilizada para classificar e estabelecer prioridades para os compostos. A pesquisa bibliográfica revelou que as moléculas que contêm estas moléculas descritas na introdução **(Capítulo 1)** podem produzir agentes quimioterapêuticos úteis do ponto de vista médico. Por conseguinte, foi feita uma tentativa, seguindo várias rotas sintéticas para obter esta classe de compostos, estudos de caraterização para confirmar a estrutura dos compostos sintetizados e avaliação da atividade biológica destes compostos para diferentes perfis. Foi feita uma tentativa de correlacionar as estruturas dos compostos com a sua atividade biológica específica.

O Capítulo 2 (Síntese, caraterização e bioensaio de derivados de chaicone à base de ácido barbitúrico e **ácido tiobarbitúrico)** centra-se na síntese de vinte e dois novos derivados de chaicone à base de ácido barbitúrico e ácido tiobarbitúrico. Este capítulo envolve a síntese e a investigação de compostos totalmente novos através de uma nova abordagem sintética e cada uma das estruturas sintetizadas foi analisada quanto à sua atividade antimicrobiana contra (B. *Subtilis MTCC 441, S. aureus MTCC 96),* dois Gram-negativos *(E. coli MTCC 443, P. aeruginosa MTCC 1688)* e um fungo (C. *albicans MTCC 22 7),* sendo duas estirpes gram positivas *(S. aureus MTCC 96, S. pyogenes),* três gram negativas (E. *coli MTCC 443, K. pneumonia MTCC 109* e *P. aeruginosa MTCC 1688)* e quatro fungos (C. *albicans MTCC 22 7, A. clavatus MTCC 1323, T. rubrum MTCC 296 e Penicillium wild strain*) as estirpes microbianas. Em geral, os compostos apresentam uma atividade boa a moderada em relação à ciprofloxacina, ao flucanazol e à griseofulvina padrão. A ordem de atividade é a seguinte

>

Capítulo 2. O capítulo 2 trata da síntese, caraterização e avaliação antimicrobiana de caicones à base de ácido barbitúrico, com a seguinte ordem de atividade.

>

Ciprofloxacine

MIC= (05 μg/ml *B. Subtilis*).

(10 μg/ml *S. aureus*).

(20 μg/ml P. aeruginosa).

(10 μg/ml *E. coli*).

5d MIC

(20 μg/mL *B. Subtilis*),

(20 μg/mL *E. coli*).

5i MIC

(20 μg/mL *B. Subtilis*).

5j MIC

(20 μg/mL *B. Subtilis*)

As chaiconas à base de 5-acetil pirimidina-2, 4, 6-(lH, 3H, 5H)-triona são potenciais pistas para o desenvolvimento de novas entidades químicas com importância biológica. Podemos concluir, a partir do resultado da atividade antibacteriana das moléculas de chaicone à base de ácido barbitúrico **5d, 5j** com grupo libertador de electrões na posição meta e para, enquanto **5i** com grupo retirador de electrões na posição nitro na posição para mostra uma atividade antimicrobiana mais próxima com referência ao fármaco padrão ciprofloxacina.

Onde como **Capítulo 3.** É dedicado à síntese, caraterização e avaliação antimicrobiana de chaicone à base de ácido tiobarbitúrico. A atividade antibacteriana é comparada com a do medicamento padrão ciprofloxacina.

Ciprofloxacina
MIC= (25 pg/ml *S. Pyogenus).*
(100 pg/mlS. *aureus).*
(25 pg/ml de *P. aeruginosa).*
(25 pg/ml E.Co/z)
(25 pg/mlK *Pneumoniae).*

5e' MIC
(62.5 µg/mL *S. Pyogenus*).

5g' MIC
(100 µg/mL *S. aureus*).

5h'MIC
(62.5 *K. pneumoniae*)
(100 µg/mL *P. aeruginosa*).

5j' MIC
(100 µg/mL *S. aureus*).

5d' MIC
(100 µg/mL *K. Pneumoniae*).

5k' MIC
(100 µg/mL *P. aeruginosa*).

Os compostos com grupos libertadores de electrões, tais como metoxi **5e', 5d'**, metil **5j'**, cloro **5g'** e grupo nitro **5h'**, que retira electrões, e o composto sem qualquer substituinte **5k'** apresentam uma atividade antibacteriana significativa. A atividade antifúngica é realizada com o medicamento padrão de referência Greseofulvina.

>

Griseofulvin MIC=
(100 µg/ml *C. albicans*).
(100 µg/ml *A. Clavatus*).
(500 µg/ml *T. Rubrum*).
(100 µg/ml *PWS*).

5f' MIC
(250 µg/mL *C. albicans*)
(500 µg/mL *T. rubrum*).

5d'MIC
(500 µg/mL *A. clavatus*).

5g' MIC

(500 µg/mL *C. albicans*)

(500 µg/mL *A. clavatus*).

5e' MIC

(500 µg/mL *T. Rubrum*).

5i'MIC

(500 µg/mL *PWS*).

Verificou-se que as moléculas de chaicone com metoxi **5d', 5e'** libertador de electrões e cloro **5f, 5g'** nitro **5i'** retirador de electrões exibem uma (CIM) comparável contra *T. rubrum* como uma estirpe fúngica com referência à griseofulvina como medicamentos padrão.

A conclusão geral tirada para este livro realizado e aqui apresentado é que

- Os análogos podem constituir uma boa plataforma de partida para o futuro processo de descoberta de medicamentos.
- No entanto, podem ser necessárias algumas modificações estruturais para minimizar os efeitos citotóxicos de alguns derivados, tornando assim as estruturas medicinais úteis com maior potência, mais específicas e com menos efeitos secundários.
- Por conseguinte, uma investigação mais aprofundada nesta direção poderá produzir resultados frutuosos.

MIX
Papier aus verantwortungsvollen Quellen
Paper from responsible sources
FSC® C105338

Printed by Books on Demand GmbH, Norderstedt / Germany